Alex Weiss
RC-Flugmodelle konstruieren und bauen
Grundlagen - Baumaterialien - Antriebe - Zubehör - Finish

*Für Rupert, der so viele Flugerlebnisse
mit mir teilt.*

RC-Flugmodelle konstruieren und bauen

Grundlagen - Baumaterialien -
Antriebe - Zubehör - Finish

Alex Weiss

Verlag für Technik und Handwerk
Baden-Baden

-Fachbuch

Best.-Nr. 310.2140

Redaktion: Mario Bicher
Übersetzung: Michael Bloß

Cartoons von Bob Graham

Bibliografische Information der Deutschen Bibliothek
Die Deutsche Bibliothek verzeichnet diese Publikation
in der Deutschen Nationalbibliografie; detaillierte bibliografische
Daten sind im Internet über http://dnb.ddb.de abrufbar.

ISBN 3-88180-740-3

© 1. Auflage 2005 by Verlag für Technik und Handwerk
Postfach 22 74, 76492 Baden-Baden

Copyright der englischen Originalausgabe bei Alex Weiss und
Special Interest Model Books Ltd., Poole

Alle Rechte, besonders das der Übersetzung, vorbehalten. Nachdruck
und Vervielfältigung von Text und Abbildugnen, auch auszugsweise,
nur mit ausdrücklicher Genehmigung des Verlages.

Printet in Germany
Druck: WAZ-Druck, Duisburg

Inhaltsverzeichnis

Einführung 8
    Wozu dieses Buch? 8
    Ohne Mathe 9
    Danksagungen 10

1 Erste Überlegungen 12
    Warum Eigenkonstruktionen? 12
    Die Qual der Wahl 12
    Modelle modifizieren 15
    Bauteile von anderen Modellen verwenden 16
    Die Größe bewährter Konstruktionen ändern 17
    Der Modelltyp 17
    Sport-Scale 21

2 Die Modellkonfiguration 23
    Konventionelle Modelle 23
    Sonderkonstruktionen 24
    Der Motor 26
    Fahrwerke 28

3 Die richtige Größe 30
    Der Transport 30
    Auswiegen des Modells 36
    Modellgröße und Leistung 41

4 Der Antrieb 42
    Verschiedene Antriebsmöglichkeiten 42
    Der Einbau von Verbrennungsmotoren 46
    Elektroantriebe 50
    Der Einbau von Elektromotoren 53

5 Der lästige Widerstand 54
    Grundlagen 54

Widerstand	54
Geschwindigkeit und Geschwindigkeitsbereich	57

6 Jede Menge Auftrieb ... 60
Wie Auftrieb entsteht	60
Tragflächenprofile	60
Der Druckpunkt	62
Rund um Profile	64
Die Tragflächengeometrie	69
Position der Tragfläche	78
Flächenbelastung	80
Möglichkeiten zur Auftriebserhöhung	80

7 Die Flugeigenschaften ... 85
Wendigkeit	85
Flugstabilität	87
Einstellung der Fluglage	97
Steuerorgane	101
Flattern	109

8 Das richtige Material ... 113
Baumaterial für Modelle	113
Kunststoffe	117
Metalle	122
Klebstoffe	123
Leichtbau	125

9 Bautechniken ... 126
Der Rumpf	126
Rumpfspanten	126
Einfache Kastenrümpfe	127
Rümpfe mit ovalem oder kreisförmigem Querschnitt	128
Komplexe Formen und Materialien	129
Tragflächen	130
Tragflächenprofile	133
Tragflächenbau	135
Die Flächenbefestigung am Rumpf	140
Leitwerke	142
Fahrwerke	144
Einziehfahrwerke	146
Zwei- oder Dreibeinfahrwerk	147
Räder	147
Einbau	148
Wasserflugmodelle	149
Starten und landen auf Schnee	151

10 Steuerorgane 153
    Hauptsteuerorgane 153
    Scharniere 157
    Die RC-Anlage 158
    Anlenkungen 160

11 Das Finish 163
    Cockpits 163
    Luken und Klappen 164
    Außenlasten 165
    Die Bespannung 165
    Die Lackierung 167

12 Einen Bauplan zeichnen 168
    Handarbeit 168
    CAD (Computergestützte Konstruktion) 169
    Der Entwurf 169
    Einen Bauplan veröffentlichen 172

13 Der erste Flug 174
    Vor dem Erstflug 174
    Der Erstflug 178
    Bewertung der Flugleistung 180

Einführung

Wozu dieses Buch?

Im Laufe der Jahre wurden eigentlich schon genügend Bücher über das Bauen und Fliegen von Modellflugzeugen geschrieben. Warum also noch eines? Weil es meiner Erfahrung nach noch nicht viel zu lesen gibt über Konstruktion und Bau von Sportmodellen, die mit Verbrennungs- oder Elektromotor angetrieben werden.

Dieses Buch wurde vor allem für jene Modellflieger geschrieben, die bereits zwei oder drei ferngesteuerte Modelle aus einem Bausatz oder nach Bauplan gebaut und geflogen haben und die jetzt nach einer Möglichkeit suchen, noch mehr aus diesem Hobby herauszuholen. Hier wird gezeigt, worauf man beim Bau eines neuen Modells achten muss, auch unter aerodynamischen Gesichtspunkten.

Untersucht werden in diesem Buch zahlreiche unterschiedliche Konfigurationen auch im Hinblick auf die angestrebten Flugleistungen des neuen Modells. Verschiedene Bauweisen und deren sinnvoller Einsatz werden vorgestellt. Es wird gezeigt, wie man einen Bauplan zeichnet und das selbst konstruierte Modell für die Veröffentlichung in einer Fachzeitschrift vorbereitet. Das letzte Kapitel schließlich ist dem Einfliegen des neuen Modells gewidmet.

Nicht behandelt werden Hubschrauber, Segelflugmodelle, Großmodelle sowie Impeller- und Jet-Modelle. Dennoch gelten einige der Themen, die in diesem Buch besprochen

Abb. 1: Dieses Modell einer Tornado GR1 ist mit Schwenkflügeln und Einziehfahrwerk ausgestattet.

werden, auch für diese Arten von Flugzeugen, aber nicht für Hubschrauber.

Behandelt werden im Wesentlichen drei Möglichkeiten des Eigenbaus. Bei der ersten Möglichkeit geht es um kleinere Veränderungen oder Verbesserungen an vorhandenen Bausätzen oder Bauplänen, ein Bereich, in dem wohl die meisten Modellflieger schon Erfahrungen sammeln konnten. Die zweite Möglichkeit ist der Bau eines neuen Modells aus den verwertbaren Überresten verunglückter Modelle. Und schließlich geht es um die Konzeption und den Bau eines vollständig neuen Modells und um die ganzen Überlegungen, die bei einem solchen Vorhaben nötig sind.

Dieses Buch ist aber nicht nur für jene interessant, die Modelle modifizieren oder selbst konstruieren wollen. Jeder, der sich mit Modellflug beschäftigt, profitiert auf seine Weise von einem besseren Verständnis der

Abb. 2: Ein klassischer Hochdecker ist als erste Eigenkonstruktion ideal.

Konstruktionsprinzipien und Modellauslegungen. Selbst wenn Sie ausschließlich Bausätze oder Bauplanmodelle bauen, werden Sie Spaß daran haben, zu verstehen, warum ein Konstrukteur sein Modell genau so und nicht anders konstruiert hat.

Viele Sachverhalte wurden in diesem Buch vereinfacht dargestellt, um sie leichter verständlich und schneller anwendbar zu machen. Aerodynamiker werden damit leben müssen, dass einiges in diesem Buch ungesagt bleibt und dass manche Schwierigkeiten übergangen wurden. Erwähnung finden wird auf jeden Fall Herr Reynolds, der Erfinder der gleichnamigen Zahl. Ansonsten werden wir die Reynolds-Zahl nach Möglichkeit meiden. Jedenfalls gelang es Reynolds zu beweisen, dass aus aerodynamischer Sicht, wenn alle anderen Parameter gleich sind, große Flugzeuge besser fliegen als kleine, vor allem dann, wenn sie auch noch schneller fliegen. Wohl kaum ein Modellflieger wird aufgrund seiner eigenen Erfahrungen die Wahrheit in dieser Erkenntnis in Frage stellen.

Ohne Mathe

Flugmodellbau soll vor allem ein vergnügliches Hobby sein, obwohl manche es eher als Masochismus bezeichnen würden, wenn Modellflieger hin und wieder ihr neuestes Modell sauber verschnürt in einem Müllsack nach Hause tragen. Für viele Modellflieger ist Mathematik noch schwerer zu ertragen als ein Absturz mit Totalschaden. Deshalb wollen wir in diesem Buch auf Mathematik verzichten, soweit das möglich ist. Schaubilder machen Berechnungen überflüssig und für alle, die es gar nicht lassen können, wurden Berechnungen so angelegt, dass man mit den Grundrechenarten und einem kleinen Taschenrechner gut zurecht kommt.

Werfen Sie einen Blick auf Abb. 3, damit Sie sehen, wie so ein Schaubild funktioniert. Wenn man die Höchstgeschwindigkeit eines neuen Modells geschätzt hat und wenn die Drehzahl bekannt ist, bei der der Motor seine

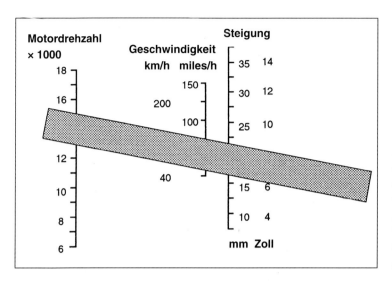

Abb. 3: Schaubilder wie dieses ersetzen komplizierte Berechnungen. Der gewünschte Wert lässt sich mit Hilfe eines Lineals ermitteln.

größte Leistung entfaltet, kann man mit Hilfe des Schaubilds die passende Steigung des Propellers ermitteln. Ein Lineal wird so über das Bild gelegt, dass es die Angaben 15.000 min^{-1} und 120 km/h schneidet. Daraus ergibt sich eine Steigung des Propellers von 22 mm (8,5 Zoll). Einfach, nicht wahr? Mit Hilfe eines solchen Schaubilds lassen sich auch andere Konfigurationen sehr schnell ermitteln.

Obwohl ich bereits zur älteren Generation gehöre, habe ich mich mit dem metrischen System angefreundet. So werden alle Werte generell in metrischen und in britischen Einheiten angegeben, die wichtigsten finden Sie in Tabelle 1.

Danksagungen

Um ein Buch zu schreiben, benötigt man Inspiration, Hilfe und eine Menge Zeit. Die Inspiration zu diesem Buch kam von verschiedenen Leuten, an erster Stelle Gordon Whitehead, dessen Buch *Scale Aircraft* für mich eine Art Bibel ist, und Chris Bashford, dessen Beiträge über Aerodynamik in den 60er und 70er Jahren mein Interesse an diesem Thema geweckt haben. Dieses Interesse wurde noch verstärkt durch Martin Simons' Abhandlung *Model Aircraft Aerodynamics*. Natürlich hat auch David Boddington meine Karriere als RC-Modellflieger beeinflusst. Seine Beiträge haben mich erst zum RC-Modellflug gebracht,

Parameter	Metrische Einheit	Britische Einheit
Länge	Meter, Zentimeter, Millimeter	Fuß, Zoll (Inch)
Gewicht	Kilogramm, Gramm	britisches Pfund, Unze
Flächeninhalt	Quadratdezimeter	Quadratfuß
Flächenbelastung	Gramm pro Quadratdezimeter	Unzen pro Quadratfuß
Geschwindigkeit	Stundenkilometer	Meilen pro Stunde
Hubraum	Kubikzentimeter	Kubikzoll
Materialgewicht	Gramm pro Quadratmeter	Unzen pro Quadratfuß
	Gramm pro Kubikzentimeter	Unzen pro Kubikzoll

Tabelle 1: Metrische Einheiten und die entsprechenden britischen Einheiten.

Abb. 4: Peter Russels 362 Delta war mein erster Ausflug in die Welt der exotischen Modellkonstruktionen.

damals noch mit Tip-Anlagen. Ebenfalls erwähnen möchte ich Peter Russels Kolumne *Straight & Level* in der Zeitschrift *RCM&E* mit ihrer Fülle an Zahlen und Fakten, die auch zum Teil Eingang in dieses Buch gefunden haben.

A. C. Kermode ist ein Name, der in Modellfliegerkreisen kaum erwähnt wird, aber in der manntragenden Luftfahrt sehr bekannt ist. *Flight without Formulae*, das 1940 bei Pitmans erschien, war das erste seiner zahlreichen Bücher und wird seither regelmäßig neu aufgelegt. Die fünfte, von Bill Guston aktualisierte Auflage, erschien 1989 und wurde 1995 nachgedruckt. *Flight without Formulae* kommt völlig ohne Mathematik aus und war eine wichtige Anregung für dieses Buch.

Viele weitere Bücher und Artikel wurden zurate gezogen, erwähnen möchte ich vor allem Ron Warrings ausgezichnetes *Glassfibre Handbook*, David Thomas' *Radio Control Foam Modelling* und Tubal Cain's *Model Engineer's Handbook*. Diese Bücher bilden die Grundlage der entsprechenden Kapitel in diesem Buch.

John Hearne, John Lynham und Kevin Walton nahmen sich Zeit, um ihre Modelle für dieses Buch fotografieren zu lassen. Rupert Weiss, Bill-Kits, Handy-Systems und Derek Hardman von Solarfilm steuerten ebenfalls wertvolle Informationen und Bilder bei. Ich möchte darauf hinweisen, dass ich keine wirtschaftliche oder anderweitige Beziehung zu den in diesem Buche genannten Firmen unterhalte. Und schließlich möchte ich meiner Frau danken, die mir durch ihre Geduld und Unterstützung die Fertigstellung dieses Buches ermöglicht hat. Sie übernahm auch das Lektorat des Buches und steuerte etliche Verbesserungsvorschläge bei.

1 Erste Überlegungen

Warum Eigenkonstruktionen?

Warum sollte jemand den Wunsch verspüren, den Erstflug mit einem neuen und völlig unerprobten Flugmodell zu wagen? Schließlich ist das Fliegen ferngesteuerter Flugmodelle schon anspruchsvoll genug. Dafür gibt es im Großen und Ganzen drei gute Gründe. Erstens: Es ist ein ganz besonderes Gefühl, wenn man mit seinem selbst konstruierten Modell zum Modellflugplatz geht; und das wird noch besser, wenn auch andere Modellflieger nach Ihren Plänen bauen. Zweitens: Wer bewährte Konstruktionen modifiziert oder gar ein RC-Modell völlig neu konstruiert, beschäftigt sich mit einem besonders anspruchsvollen und befriedigenden Aspekt unseres Hobbys, der einiges an Gehirnakrobatik erfordert, bis man das gewünschte Resultat erhält. Drittens: Die Freude nach dem erfolgreichen Erstflug einer Eigenkonstruktion ist nur schwer zu beschreiben und noch schwerer zu übertreffen.

Nicht unerwähnt bleiben sollte die Tatsache, dass die Veröffentlichung eines Modells als Bauplan auch etwas Geld für die Hobbykasse bringt. Reich werden kann man damit zwar nicht, aber es hilft, das schlechte Gewissen oder den Partner zu besänftigen, wenn die Anschaffung eines neuen Motors, einer Fernsteuerung oder eines Bausatzes bevorsteht.

Um ein vorhandenes Modell zu verändern oder ein Modell komplett selbst zu konstruieren, brauchen Sie lediglich etwas Mut, Fantasie und natürlich Papier und Bleistift. Ein paar Modellbaukataloge können bei der Klärung von Detailfragen ganz hilfreich sein, ebenso wie einige Tabellen in diesem Buch, die Daten zu unterschiedlichen Materialien liefern. Der zusätzliche Aufwand einer Modifikation oder Eigenkonstruktion macht sich spätestens dann bezahlt, wenn sich Ihr eigenes Werk die Lüfte erhebt.

Erfahrene Konstrukteure können durch den Einsatz eines geeigneten CAD-Programms viel Zeit sparen. Wer außerdem gut mit Textverarbeitung und Kamera umgehen kann, ist auf dem besten Weg zur Veröffentlichung seines Bauplans in einer Fachzeitschrift.

Die Qual der Wahl

Sie wollen also tatsächlich Ihr eigenes Modell haben. Da stellt sich die Frage: Womit anfangen? Wenn es sein muss, fliegt fast alles. Denken Sie nur an die fliegenden Schubkarren oder Hundehütten, die Sie vielleicht schon im Schauflugprogramm eines Modellflugtages bewundern konnten. Das sieht einfach aus, ist aber eher etwas für Fortgeschrittene. Beginnen Sie am besten damit, eine bewährte Konstruktion zu modifizieren.

Abb. 5 zeigt ein Modell der Raumfähre Columbia, das auf Basis des einfachen 3-Kanal-Brett-Modells der Draken von Bo Garstad entstand. Die Form des Seitenruders wurde stark verändert, der Flächeninhalt des Seitenruders blieb allerdings gleich. Die Flu-

Abb. 5: Bo Garstads Draken war die Grundlage für dieses Fun-Scale Space Shuttle meines zweitältesten Sohnes. Gegenüber dem Originalplan wurde nur die Silhouette von Rumpf und Seitenleitwerk sowie die Bemalung geändert.

Abb. 6: Mein erster Entwurf aus den 70er Jahren war der O-Ranger, der noch mit einer der ersten Proportionalanlagen ausgerüstet war.

geigenschaften des Modells blieben daher ebenfalls die gleichen. Zusammen mit der anderen Farbgebung ist die Columbia eine gelungene Modifikation. Später werden wir uns mit kompletten Eigenkonstruktionen beschäftigen und dabei auch einen Blick auf verschiedene gängige Modelltypen werfen, die für Sportmodelle in Frage kommen.

Zu schwierig?

Sein eigenes Modell zu konstruieren ist viel leichter, als Sie denken, vorausgesetzt, Sie haben schon etwas Erfahrung im Bauen und Fliegen von Modellen. Einigen Modellbauern genügt eine grobe Skizze als Vorlage für den Bau ihres Modells, andere zeichnen ihre Konstruktion auf Packpapier und benutzen die Zeichnung gleich als Bauunterlage. Wieder andere setzen sich ans Zeichenbrett oder an den PC und erstellen exakte Pläne ihres Projektes. Wählen Sie die Methode, die Ihnen am besten liegt. Wenn Sie nicht sicher sind, zu welcher Gruppe Sie gehören, finden Sie in Kapitel 12 einige Ratschläge, wie Sie zu einem brauchbaren Bauplan für Ihr Modell kommen.

Was ist schön?

Neben den Flugeigenschaften spielt auch das Aussehen des Modells eine große Rolle. Und in der Regel gefällt einem Modellbauer das am besten, was er selbst entworfen hat. Zu Anfang mag es Ihnen vielleicht schwer fallen, sich anhand der zweidimensionalen Zeichnung vorzustellen, wie das fertige Flugzeug einmal aussehen wird. Hier hilft nur die

Abb. 7: CAD ist kein Muss, wird aber immer häufiger auch zur Konstruktion von Modellen eingesetzt. Für das Abfassen einer Bauanleitung ist ein Computer in jedem Fall sehr nützlich.

Abb. 8: Die Magnatilla von Flair ist ein klassisches Sportmodell im Oldtimer-Look.

Abb. 9: Smarty Pants von Howard Metcalfe ist ein typischer kleiner Sport-Hochdecker. Seine gutmütigen Flugeigenschaften machen ihn zum idealen Trainer.

Erfahrung, die man im Lauf der Zeit durch das Betrachten von Zeichnungen und das Vergleichen mit Bildern von fertigen Modellen sammelt. Denken Sie daran, welche Freude es machen kann, eine Konstruktion mit dem eigenen Markenzeichen zu versehen, wie das z. B. Geoffrey de Havilland durch die markanten Leitwerksformen seiner Flugzeuge tat.

Was ist eigentlich ein Sportmodell?

Dieses Buch ist vor allem für Modellbauer gedacht, die Sport- und Semiscale-Motormodelle bauen wollen. Aber was ist eigentlich ein Sportmodell? Ein Sportmodell ist kein Wettbewerbsmodell, wie das bei reinrassigen Kunstflugmaschinen oder Pylonrennern der Fall ist. Ein Sportmodell ist auch nicht hundertprozentig vorbildgetreu, obwohl es einem Vorbild nachempfunden sein kann. Auch Impeller- und Jetmodelle zähle ich nicht zu den Sportmodellen.

Abb. 10: Erfahrene Modellbauer wissen, dass eine Spitfire kein Anfängermodell ist.

Ein Sportmodell ist für mich ein praktisches Modell, das nicht unbedingt einem Vorbild entsprechen muss und das relativ einfach zu fliegen ist. Ein Sportmodell ist vor allem dazu da, geflogen und nicht am Boden bewundert zu werden. Es kann als Kunstflugmodell oder Trainer ausgelegt sein oder zum Tragen von Lasten, wie z. B. Fallschirmspringern oder Bonbons. Es kann ein- oder zweimotorig sein oder aussehen wie ein Oldtimer und gemütlich durch die Luft tuckern. Es kann ein Ein- oder Doppeldecker sein und von einem Benzinmotor, einem Glühzünder, Modelldiesel oder Elektromotor angetrieben werden. Jedenfalls ist es ein Modell, das der durchschnittliche Modellbauer ohne Schwierigkeiten bauen und fliegen kann. Sportmodelle können auch Enten und Deltas sein, obwohl diese etwas anspruchsvoller zu fliegen sind.

Seine Grenzen kennen

Vielen erfahrenen Modellbauern ist bestimmt schon der Anfänger begegnet, der als erstes Modell eine große Scale-Spitfire baut. Ähnliche Gefahren drohen dem angehenden Konstrukteur. Der beste Einstieg in das Konstruieren eigener Modelle sind einfache Modifikationen an Modellen anderer Konstrukteure. Auch auf diese Weise erschafft man Unikate und das Risiko ist gering. Der nächste Schritt ist eine einfache Eigenkonstruktion auf der Basis einer erprobten Modellkonfiguration. Denken Sie daran, dass es wenig sinnvoll ist, als erstes Modell ein Delta zu konstruieren, wenn Sie hauptsächlich Doppeldecker fliegen.

Der Modellflugplatz

Die Länge und Beschaffenheit der Start- und Landebahn, eventuelle Lärmbeschränkungen sowie das Vorhandensein von Hindernissen, wie z. B. Bäumen in der Umgebung, müssen bei der Wahl der Modelle berücksichtigt werden. Bei unebenem holprigem Gelände fliegt man vielleicht besser Modelle ohne Fahrwerk; für ein relativ kleines Fluggelände eignen

Abb. 11: Die Magnatilla im Vordergrund entstand genau nach Plan; das Modell im Hintergrund wurde von Kevin Walton zur Fokker EIII umgebaut.

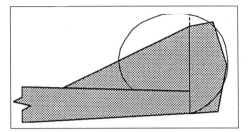

Abb. 12: Der Umriss des Seitenleitwerks wird geändert; Flächeninhalt und Flugeigenschaften bleiben dabei gleich.

sich kleine wendige Modelle besser als große Modelle, die weiträumig geflogen werden müssen. Die Entscheidung, welche Art von Modellen am besten zu Ihrem Fluggelände passt, bleibt Ihnen überlassen.

Die Anzahl der Kanäle

Die Art der RC-Anlage ist ein weiterer Faktor, der bei der Modellauslegung eine Rolle spielt. Mit einer einfachen Zweikanal-Anlage kann man Seiten- und Höhenruder oder Quer- und Höhenruder steuern, bei Oldtimern kann ggf. anstelle des Höhenruders auch die Motordrossel angesteuert werden. Eine Dreikanal-Anlage steuert Motordrossel, Höhenruder und entweder Seiten- oder Querruder. Mit einer Vierkanal-Anlage hat man alle wichtigen Steuerfunktionen im Griff. Mischer am Sender ermöglichen die Steuerung von V-Leitwerken oder kombinierten Höhen-/Querrudern (z. B. an Deltas), mit zusätzlichen Kanälen kann man Landeklappen, Einziehfahrwerk, Bremsklappen etc. betätigen.

Modelle modifizieren

Der angehende Konstrukteur wird sich in der Regel nicht an ein Zeichenbrett setzen und einfach so seine erste Eigenkonstruktion aus dem Ärmel zaubern. Wesentlich erfolgversprechender ist es, wenn man mit ein paar kleinen Veränderungen an einem Bausatz oder einem Bauplan beginnt. Auf diese Weise entsteht ein Einzelstück, wenn auch auf der Basis eines Modells, das von einem anderen Konstrukteur stammt.

Abb. 11 zeigt im Vordergrund das Leitwerk einer Magnatilla von Flair. Dahinter das Leitwerk des gleichen Modells, das so verändert wurde, dass es dem Leitwerk einer Fokker EIII ähnelt. Der Flächeninhalt von Dämpfungsflächen und Rudern blieb gleich, unverändert blieben deshalb auch die Flugeigenschaften. Das mit wenig Aufwand modifizierte Modell erhielt außerdem einen anderen Rumpfrücken und wirkt nun optisch ganz anders als die Magnatilla, ein sehr befriedigendes Ergebnis für den ersten Versuch einer Modifikation.

Änderungen skizzieren

Erste Modifikationen an den Konturen eines Modells, um ihm ein neues Aussehen zu geben, lassen sich sehr gut auf einem vorhandenen Bauplan durchführen. Solange der Flächeninhalt der Leitwerke annähernd der gleiche bleibt, lassen sich Form und Aussehen der Leitwerke fast beliebig verändern. Wie so etwas aussehen kann, zeigt Abb. 12.

Die grau schraffierte Fläche zeigt das ursprüngliche Seitenleitwerk der Magnatilla, auf dem der Umriss des „Fokker-Leitwerks" skizziert wurde. Lage und Flächeninhalt der

Abb. 13: Umfangreiche Änderungen hat meine Bullpup nach einem Plan von J. Bowmer erfahren. Die Änderungen betreffen Seitenruder, Höhenruder und Randbogen sowie den Modellaufbau.

Bauteile von anderen Modellen verwenden

Reparaturbedürftige Modelle finden sich in der Werkstatt der meisten Modellbauer. Oft sind Tragflächen, Leitwerke oder Rumpf der verschiedenen Modelle völlig unbeschädigt und aus diesen unbeschädigten Komponenten lässt sich nicht selten ein neues Modell zusammenstellen.

In unserem Beispiel gehen wir anhand der Draufsicht eines geplanten Modells vor. Nehmen wir an, Sie haben eine unbeschädigte Tragfläche von Modell A und ein Leitwerk von Modell B, das etwas größer ist als das ursprüngliche Leitwerk von Modell A. Diese beiden Komponenten sollen in dem geplanten Modell verwendet werden, das einen etwas schlankeren Rumpf erhält als das Original.

Das Ergebnis zeigt Abb. 15: Komponenten von Modell A und Modell B werden auf einem selbst konstruierten Rumpf montiert. Auch dies ist eine Möglichkeit für den angehenden Konstrukteur, Erfahrungen zu sammeln, ohne gleich ein völlig neues Modell zu entwerfen.

Leitwerksteile wurden nur unwesentlich geändert, und so dürfte sich auch das Flugverhalten des Modells mit dem neuen Leitwerk kaum ändern. Wenn das Original ein Brettleitwerk besitzt, ist auch der Aufbau des neuen Leitwerks kein Problem. Diese Technik kann in den meisten Fällen angewendet werden.

Möglichkeiten für Modifikationen gibt es viele. Neue Leitwerkskonturen, eine geänderte Form der Randbögen an den Tragflächen, der Bau eines Styroporflügels anstelle eines Rippenflügels oder Veränderungen im Aufbau des Rumpfgerüsts stärken allmählich das Vertrauen in die eigenen Fähigkeiten als Konstrukteur.

Abb. 14: Mein erster Bitsa basiert auf dem Sharkface von Eric Clutton – in Abb. 6 im Hintergrund zu sehen – und besitzt eine vergrößerte Tragfläche.

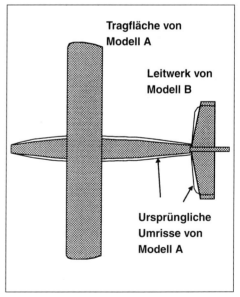

Abb. 15: Tragfläche und Leitwerk von abgestürzten Modellen erhalten einen neuen Rumpf.

Die Größe bewährter Konstruktionen ändern

Manchmal interessiert man sich für ein bestimmtes Modell, das aber für den eigenen Geschmack entweder zu klein oder zu groß ist. Die Änderung der Modellgröße hat keinen übermäßigen Einfluss auf die Aerodynamik des Modells, außer dass die Leistung der Tragfläche mit ihrer Größe zunimmt. Anders verhält es sich mit dem strukturellen Aufbau des Modells. Wird die Spannweite eines Modells verdoppelt, vervierfacht sich der Flächeninhalt. Werden auch die Abmessungen des Baumaterials proportional vergrößert, verachtfacht sich das Gewicht. Bei doppeltem Flächeninhalt und achtfachem Gewicht verdoppelt sich die Flächenbelastung des vergrößerten Modells. Das ist keine sehr glückliche Lösung!

In Abb. 16 zeigt das Diagramm links, wie bei einer Vergrößerung des Modells die Dicke des verwendeten Baumaterials angepasst werden muss, um die benötigte Festigkeit zu gewährleisten. Bei doppelter Spannweite erhöht sich das Modellgewicht auf knapp das Dreifache bei vierfachem Flächeninhalt. Das sieht schon besser aus, denn die Flächenbelastung ist geringer als beim ursprünglichen Modell. Das Diagramm rechts zeigt, wie das Material bei einer Verkleinerung des Modells zu wählen ist. Maßanfertigungen sind hier nicht erforderlich, die nächste gängige Standardgröße ist völlig ausreichend.

Der Modelltyp

Wenn ein neues Modell geplant wird, müssen zunächst einige Fragen geklärt werden: Welchen Antrieb und wie viele RC-Funktionen soll das Modell haben? Soll es ein eher konventionelles Modell oder etwas Ausgefallenes werden, wie etwa ein Delta, eine Ente, ein Doppelrumpfmodell oder ein Nurflügel? Soll es schnell oder langsam fliegen und wie wendig soll es sein? Ist ein gefälliges Aussehen wichtig oder steht Funktionalität im Vordergrund?

Erst wenn diese Fragen beantwortet sind, können Sie sich Gedanken über das tatsächliche Aussehen Ihres Modells machen. Nehmen Sie etwas Zeichenpapier zur Hand und skizzieren Sie Ihre Vorstellungen. Wenn Sie bereits einige Modelle gebaut haben, werden Sie auch ein Gefühl dafür haben, wann Sie auf dem richtigen Weg sind. Und wenn ein Modell gut aussieht, fliegt es auch meistens.

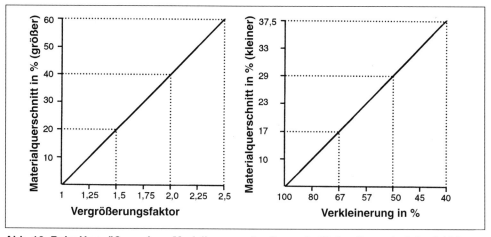

Abb. 16: Beim Vergrößern eines Modells muss der Querschnitt des Baumaterials nicht im selben Maß vergrößert werden, um die nötige Festigkeit zu erzielen. Das gleiche gilt, wenn ein Modell verkleinert wird.

Abb. 17: Die Mongrel, ein Entwurf von Brian Peckham, sieht aus wie das Modell eines modernen, manntragenden Sportflugzeugs. Ist es aber nicht!

Tiefdecker

In Abb. 18 sehen Sie die Seitenansichten von zwei Tiefdeckern mit gleichen Tragflächen und Höhenleitwerken, beide mit Dreibeinfahrwerk. Beim ersten Modell sitzt der Motor offen zwischen den Rumpfseiten, die Kabinenhaube ist ein einfaches Tiefziehteil und das Seitenleitwerk hat eine schöne abgerundete Form. Nehmen wir an, das war Ihr erster Entwurf, aber noch nicht ganz das, was Sie sich vorgestellt hatten. Der zweite Entwurf besitzt Motorhaube und Spinner, die Kabine geht in einen hohen Rumpfrücken über und das Seitenleitwerk hat eine eckige Kontur.

Abb. 19 zeigt Entwürfe mit Zweibeinfahrwerk. Das erste Modell besitzt Motorhaube und Spinner, eine große, in den abfallenden Rumpfrücken integrierte Kabine und ein gerundetes Seitenleitwerk mit Spornrad. Aber vielleicht gefällt Ihnen ja eine große aufgesetzte Kabinenhaube, ein nach hinten gepfeiltes Seitenleitwerk und ein Hecksporn besser? Das sind schon vier Varianten für den Entwurf eines Tiefedeckers. Wenn Sie noch einige Kleinigkeiten verändern, ist Ihr Modell vielleicht schon dabei.

Hochdecker

Für den Entwurf eines Hochdeckers gilt natürlich das gleiche Prinzip. Abb. 20 zeigt die Seitenansichten zweier Hochdecker mit Dreibeinfahrwerk. Das erste Modell ist ein Kabinenhochdecker, bei dem der Motor offen zwischen den Rumpfseiten eingebaut ist. Der Rumpfrücken beschreibt eine gerade, waagrechte Linie, die Rumpfunterseite ist hochgezogen, das Seitenleitwerk ist abgerundet.

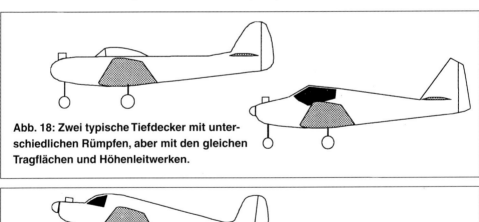

Abb. 18: Zwei typische Tiefdecker mit unterschiedlichen Rümpfen, aber mit den gleichen Tragflächen und Höhenleitwerken.

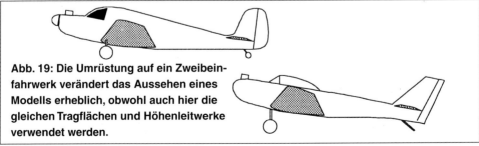

Abb. 19: Die Umrüstung auf ein Zweibeinfahrwerk verändert das Aussehen eines Modells erheblich, obwohl auch hier die gleichen Tragflächen und Höhenleitwerke verwendet werden.

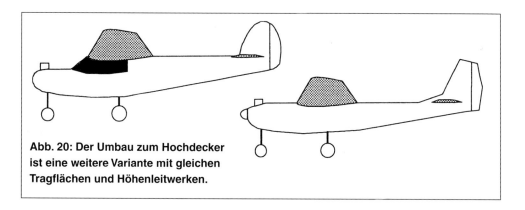

Abb. 20: Der Umbau zum Hochdecker ist eine weitere Variante mit gleichen Tragflächen und Höhenleitwerken.

Vielleicht ist Ihnen dieser Entwurf ja zu altmodisch und Sie überarbeiten ihn ein wenig. Beim zweiten Entwurf ist der Rumpf niedriger und der Spinner lässt die Nase harmonischer erscheinen. Das eckige Seitenleitwerk besitzt eine Anformung zum Rumpfrücken.

In Abb. 21 sind zwei Varianten für Hochdecker mit Zweibeinfahrwerk skizziert. Beim ersten Modell könnte der Motor genauso gut hängend eingebaut werden. Die Kabine befindet sich vor und oberhalb der Tragfläche, der Rumpfrücken fällt zu einem großen, eckigen Seitenleitwerk mit Hecksporn ab. Beim zweiten Entwurf fehlt das Cockpit komplett. Der Rumpf, der mit einem Spornrad ausgestattet ist und dessen Nase in einen Spinner übergeht, ist dadurch wesentlich niedriger. Seitenruder und Dämpfungsfläche sind fast dreieckig.

Nur zwei Unterscheidungsmerkmale (Hoch-/Tiefdecker, Zweibein-/Dreibeinfahrwerk) sind die Grundlage für die eben beschriebenen acht Varianten. Damit ist klar, wie schnell ein paar kleine skizzierte Seitenansichten zu einem befriedigenden Ergebnis führen können.

Andere Flächenpositionen

Abb. 22 zeigt einen Parasol-Hochdecker, einen Mitteldecker und einen Doppeldecker. Die Rumpfformen sind weitgehend gleich, Parasol-Hochdecker und Doppeldecker besitzen aber im Gegensatz zum Mitteldecker offene Cockpits. Die Tragflächen des Doppeldeckers wurden verkleinert, da er zwei davon besitzt, Position und Größe des Höhenleitwerks blieben dagegen unverändert.

Die Dreiseitenansicht

Die Seitenansicht Ihres neuen Modells steht nun fest. Entwerfen Sie die Draufsicht nach demselben Prinzip und zeichnen Sie dann eine kleine Dreiseitenansicht, am besten auf Millimeterpapier. Korrigieren Sie die einzelnen Linien, bis die Zeichnung ein harmonisches

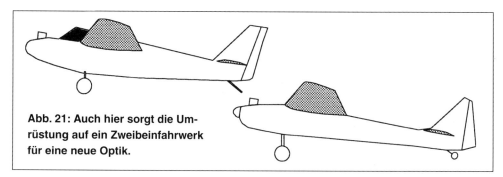

Abb. 21: Auch hier sorgt die Umrüstung auf ein Zweibeinfahrwerk für eine neue Optik.

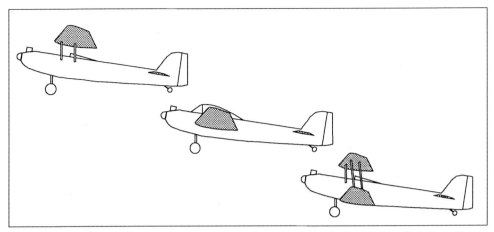

Abb. 22: Weitere Konfigurationsmöglichkeiten eines Modells als Parasol-Hochdecker, Mitteldecker und Doppeldecker.

Gesamtbild ergibt und überlegen Sie sich, welche Form und welchen Flächeninhalt Tragfläche und Leitwerke haben sollen. In Kapitel 3 finden Sie hierzu eine Reihe von Diagrammen. In Abb. 23 sehen Sie, wie ein erster Versuch aussehen könnte. Bei dem Modell handelt es sich um einen 4-Kanal-Querrudertrainer mit Dreibeinfahrwerk. Gezeichnet sind Draufsicht, Seitenansicht und Ansicht von vorne. Die V-Form der Tragfläche erhöht die Stabilität um die Längsachse. Denken Sie auch an den Zeichnungsmaßstab, der für die Erstellung des 1:1-Bauplans wichtig ist. Vergrößern Sie die Dreiseitenansicht entsprechend, um die Konturen des Modells in natürlicher Größe zu zeichnen. Worauf Sie bei der Ausarbeitung eines Bauplanes achten müssen, erfahren Sie dann in Kapitel 12.

Propellerkreis und Bodenfreiheit

Die richtige Auslegung des Fahrwerks ist ein wichtiger Punkt beim Entwurf eines Modells. So kann man vermeiden, dass der Propeller beim Start den Boden berührt und der Motor abstellt. Der Einfluss von Zwei- und Dreibeinfahrwerken auf die Konstruktion eines Modells wurde bereits gezeigt. Betrachten Sie nun das Modell links oben in Abb. 24: Wenn

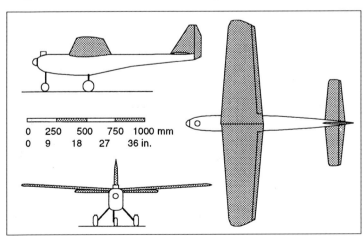

Abb. 23: Ein erster Entwurf für einen Hochdecker-Trainer mit 4-Kanal-Anlage.

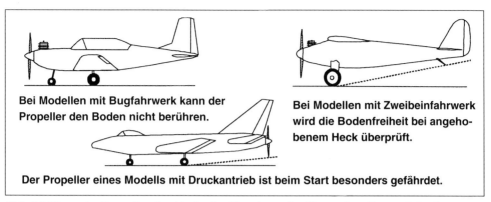

Abb. 24: Wenn der Propeller den Boden berührt, kann der Motor abstellen und der Start muss zumindest abgebrochen werden. Im schlimmsten Fall muss der Propeller ersetzt werden.

die Drehachse des Propellers ausreichend hoch über dem Boden liegt, ist in dieser Konfiguration eine Bodenberührung des Propellers beim Start unwahrscheinlich. Berücksichtigt man den Federweg der Bugfahrwerks, ist eine Bodenfreiheit von 5 cm ausreichend. Das gilt allerdings nicht für unebenes Gelände oder hohes Gras.

Bei Flugmodellen mit Zweibeinfahrwerk ist es wichtig, dass der Propeller dann noch ausreichend Bodenfreiheit hat, wenn sich Rumpf und Tragflächen in Startstellung befinden, also bei angehobenem Rumpfheck. Dann gilt das gleiche, wie bei Flugmodellen mit Dreibeinfahrwerk.

Schwieriger wird es bei Modellen mit Druckschraube. Besonders bei Deltas und Flugzeugen mit stark gepfeilten Tragflächen kommt es häufig vor, dass der Propeller den Boden berührt, wenn das Modell beim Start die Nase hebt. Stellen Sie also bereits beim Entwurf des Modells sicher, dass Ihnen das nicht passiert.

Sport-Scale

Vielen Modellbauern ist der Bau eines richtigen Scale-Modells zu aufwendig. Die Zusammenstellung der Unterlagen, die Detaillierung des Modells, die lange Bauzeit und die Angst vor einem zu schweren Modell schrecken viele ab. Ein Sport-Scale-Modell, das seinem Vorbild ähnelt, aber nicht alle Einzelheiten des Originals detailgetreu wiedergibt, vermittelt großen Flugspaß bei vertretbarem Aufwand. So kann das Sport-Scale-Modell einer Spitfire z. B. ein etwas größeres Leitwerk haben, die Nasenleisten der Tragflächen können zum Teil gerade sein, der Eindruck elliptischer Flächen wird durch entsprechend geformte Randbögen verstärkt, die Querruder können als Endleistenquerruder ausgeführt sein, Motor und Schalldämpfer müssen nicht vollständig unter der Haube verschwinden. Ein starres Einziehfahrwerk oder der Verzicht auf ein Fahrwerk sind weitere mögliche Vereinfachungen. Bei entsprechender Bemalung erkennt man das Modell am Boden und in der Luft dennoch sofort als Spitfire. Die geringere Bauzeit und das im Vergleich zum Scale-Modell oft gutmütigere Flugverhalten, nicht zuletzt wegen der geringeren Flächenbelastung, sind weitere Vorteile des Sport-Scale-Modells.

Nehmen wir ein anderes Beispiel. Das Modell eines Tornados mit Impeller, Einziehfahrwerk und Schwenkflügeln ist etwas für Spezialisten und benötigt für Start und Landung eine Hartpiste. Ein Sport-Scale-Modell kann mit einem konventionellen Zug- oder Druckpropeller angetrieben werden und auf den Schwenkmechanismus der Flügel ver-

Abb. 25: Diese North American B70 ist eine Konstruktion von Rupert Weiss. Das hohe Fahrwerk sorgt dafür, dass der Druckpropeller bei Start und Landung nicht den Boden berührt.

Abb. 27: Diese Drohne sieht aus wie ein Modellflugzeug und kann als Anregung für ein neues Modell dienen.

zichten. In der Luft wird der Propeller unsichtbar und das Modell ist sofort als Tornado zu erkennen.

Informationsquellen

Informationen über geeignete Vorbilder für den Bau von Sport-Scale-Modellen kann man sich auf unterschiedliche Weise beschaffen. Ein idealer Ausgangspunkt sind Plastikbausätze, die in unterschiedlichen Maßstäben erhältlich sind. Neben einer kleinen Dreiseitenansicht des Originals vermittelt das Modell auch einen dreidimensionalen Eindruck. Verschiedene Verlage im In- und Ausland haben sich auf die Publikation technischer Literatur spezialisiert und bieten unter anderem Zeitschriften und Bücher über verschiedene Epochen der Luftfahrt an, die neben Beschreibungen der Originale auch Daten und Zeichnungen der einzelnen Maschinen enthalten. Ausführliche Scale-Dokumentationen finden sich auch in Flugmodellbauzeitschriften.

Wem das nicht genügt, der findet in Technik-Museen oder auf Flugshows Gelegenheit, Originalmaschinen genau zu betrachten und auch zu fotografieren.

Kompromisse und Vereinfachungen

Die perfekte Konstruktion gibt es nicht, weil sich Kompromisse bei der Konstruktion von Flugmodellen in der Regel nicht vermeiden lassen. So lässt sich die Flugleistung eines Modells manchmal nur auf Kosten des vorbildgetreuen Aussehens steigern und hohe Flugstabilität verträgt sich nicht mit außerordentlicher Wendigkeit.

Durch Vereinfachungen kann das Gewicht eines Modells verringert und die Bauzeit verkürzt werden. Ein typisches Beispiel hierfür ist die Verwendung von Endleistenquerrudern anstelle der in die Tragfläche eingesetzten Querruder. In wieweit Sie Möglichkeiten zur Vereinfachung nutzen, entscheiden Sie selbst. Möglichst einfach zu bauen ist beim Bau von Flugzeugen jedenfalls fast so wichtig, wie möglichst leicht zu bauen.

Abb. 26: Sofort als F14 Tomcat zu erkennen, aber dennoch kein Scale-Modell. Die Flügel bilden zusammen mit dem Höhenleitwerk eine Deltafläche.

2 Die Modellkonfiguration

Konventionelle Modelle

Eindecker

Eine gute Wahl für das erste selbst konstruierte Modell ist der bewährte Eindecker, bei dem der Motor vorne und das Leitwerk hinten sitzt. Diese Konfiguration wird seit den 30er Jahren von den meisten Konstrukteuren bevorzugt und ist mit dem geringsten Risiko verbunden. Der typische Eindecker ist einfach zu konstruieren und auch bei Modellfliegern die mit Abstand beliebteste Konfiguration. Schwierigkeiten oder unerwünschte Eigenschaften sind weder beim Bau noch beim Fliegen des Modells zu erwarten.

Fun-Flyer sind eine Sonderform des Eindeckers. Es handelt sich um Modelle mit geringer Streckung, geringer Flächenbelastung und mäßiger Motorisierung. Der Rumpf ist meist kurz. Fun-Flyer sind ausgesprochen wendig, besitzen ausgezeichnete Kunstflug-

Abb. 28: Zwei Modelle des Fun-Fly 15 mit großen Tragflächen und geringer Streckung. (Foto: Bill-Kits)

eigenschaften und einen geringen Kurvenradius. Ihre Höchstgeschwindigkeit wird in der Regel entweder durch die Motorleistung,

„Ich wollte auf Nummer Sicher gehen - deshalb hat mein Modell fünf Räder, vier Tragflächen, drei Motoren und zwei Seitenruder!!!"

Abb. 29: Meine JH2 Stringbox mit dreifachem Seitenleitwerk und doppeltem Höhenleitwerk ist ein Modell für langsames genussvolles Fliegen.

Abb. 30: Wer etwas wirklich exotisches will, der baut Tragschrauber. Al's Autogyro entstand nach einem Plan von Nexus.

durch die Neigung zum Ruderflattern oder durch beides begrenzt.

Zu den Vorteilen konventioneller Eindecker zählen:
- Unkomplizierte Bauweise
- Gewicht des Leitwerks wird durch den Motor kompensiert
- RC-Ausrüstung im Bereich des Schwerpunktes ist durch Abnehmen der Tragfläche gut zugänglich
- Nur eine Tragfläche zu bauen
- Gute Fluglageerkennung

Doppeldecker

Doppeldecker üben auf den Modellbauer eine ganz besondere Faszination aus. Vielleicht deshalb, weil wir mit dieser Art von Flugzeugen die Anfänge und das goldene Zeitalter der Fliegerei verbinden. Vielleicht ist es die Art, wie sie gemütlich und träge am Himmel hängen. Vielleicht ist es auch ihre Wendigkeit oder der geringe Kurvenradius. Doppeldecker haben bei vergleichbarem Flächeninhalt eine geringere Spannweite, ihre Leistungsfähigkeit ist jedoch aufgrund der eng beieinander liegenden Tragflächen geringer als bei Eindeckern. Die Streben und Spanndrähte eines Doppeldeckers sind die Ursache für einen relativ großen Luftwiderstand.

Der Bau von zwei– im Falle eines Dreideckers sogar drei – Tragflächen schreckt viele Modellbauer ab. Dabei haben Doppeldecker einige Vorteile. Doppeldecker sind meist langsame Flugzeuge und haben einen kleinen Geschwindigkeitsbereich. Sie sind wendig und eignen sich gut für Kunstflug. Ein Nachteil darf nicht verschwiegen werden: Wenn der Motor einmal aussetzen sollte, werden Sie merken, dass der Gleitflug nicht zu ihren Stärken zählt.

Sonderkonstruktionen

Nurflügel

In punkto Bauaufwand spricht vieles für den Nurflügel. Das Leitwerk entfällt ganz, manchmal auch der Rumpf. Nurflügel haben ein exotisches Aussehen, ansprechende Flugleistungen und sorgen auf jeden Fall für Gesprächsstoff, wenn Sie damit auf dem Flugplatz erscheinen. Das Fehlen des Leitwerks reduziert Gewicht und Luftwiderstand und gleicht zum Teil die für den Nurflügel typische geringere Auftriebsleistung der Tragfläche aus.

Abb. 31: Pteradon heißt dieser Nurflügel, der über drei Funktionen gesteuert und von einem 380er Elektromotor angetrieben wird.

Abb. 32: Das Dragon Delta besitzt eine spektakuläre Rollrate und einen großen Geschwindigkeitsbereich.

Abb. 34: Der Kopfflügel bei diesem Delta wurde zu Versuchszwecken sehr dicht an der Vorderkante der Tragfläche angeordnet.

Viele Modellbauer halten Nurflügel für problematische Modelle. Vor allem Steuerung und Schwerpunktlage sorgen für Unsicherheit, von der Fluglageerkennung ganz zu schweigen. Das sind aber keine unüberwindlichen Schwierigkeiten. Im Laufe der Jahre wurden spezielle Tragflächenprofile entwickelt, die auf die Besonderheiten der Nurflügel zugeschnitten sind. Einzelheiten erfahren Sie in Kapitel 6.

Deltas

Das Delta ist eine spezielle Form des Nurflügels und trägt seinen Namen wegen der Ähnlichkeit der Tragflächenform mit dem griechischen Buchstaben „Δ" (delta). Zu den Besonderheiten zählen die starke Pfeilung und die geringe Streckung der Tragflächen. Beides führt zu einem hohen Luftwiderstand bei großen Anstellwinkeln. Deltas sind deshalb für ihre Größe relativ stark motorisiert, damit die nötige Geschwindigkeit auch in engen Kurven und Loopings erhalten bleibt. Der starke Antrieb ermöglicht auch steile Sinkflüge beim Landeanflug. Unschlagbar sind Deltas, wenn es um Geschwindigkeit und Rollrate geht – nichts für schwache Nerven!

Eine der bemerkenswertesten Eigenschaften der Deltas ist es, dass die Strömung erst bei sehr großen Anstellwinkeln abreißt und dass die Nase beim Landeanflug steil nach oben zeigt. Berücksichtigen Sie also bei der Auslegung des Fahrwerks den hohen Anstellwinkel, damit das Rumpfheck bei Start und Landung den Boden nicht berührt.

Canards

Canard bedeutet in der französischen Sprache Ente, wobei unklar ist, warum diese Bezeichnung für Flugzeuge verwendet wird, bei denen das Höhenruder vor den Tragflächen sitzt. Angeregt wurde die Entwicklung von Canards durch die Theorie, dass diese Konfiguration besonders leistungsfähig sei, weil sowohl Tragfläche als auch Kopfflügel Auftrieb lieferten und ein Strömungsabriss

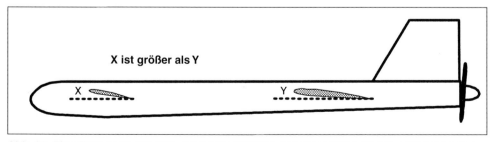

Abb. 33: Eine Ente kann mit Zug- oder Druckantrieb gebaut werden. Der Kopfflügel besitzt stets einen größeren Einstellwinkel als der Tragflügel.

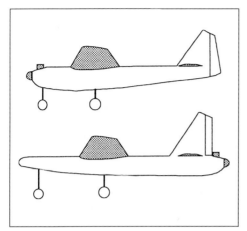

Abb. 35: Die Anordnung des Motors und ihr Einfluss auf die Gestaltung des Rumpfes.

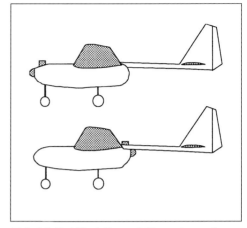

Abb. 36: Bei Modellen mit Doppelrumpf wirkt sich die Anordnung des Motors kaum auf die Gestaltung des Rumpfes aus.

an der Tragfläche unmöglich sei. Der tragende Kopfflügel arbeitet mit einem größeren Anstellwinkel als die Tragfläche. Kommt es zum Strömungsabriss, erfolgt er zunächst am Kopfflügel und das Flugzeug senkt die Nase, bis die Strömung am Kopfflügel wieder anliegt. Die Tragfläche erreicht also nie einen kritischen Anstellwinkel. Tatsächlich sieht es so aus, dass die Tragfläche niemals maximalen Auftrieb liefern kann, weil zuvor die Strömung am Kopfflügel abreißt.

Bei modernen Kampfflugzeugen findet man Kopfflügel sehr häufig in Verbindung mit Deltaflächen. Beispiele hierfür sind der Eurofighter 2000, die schwedische Grippen und die französische Rafale. Der Grund hierfür ist aber vor allem die verbesserte Wendigkeit der Maschinen und die Beeinflussung der Strömung an der Tragfläche.

Der Motor

Der Motor ist beim Flugzeug meist in der Nase oder im Rumpfheck angeordnet, obwohl auch die Anordnung des Motors auf einem Pylon über der Tragfläche seine Vorzüge hat. Die Anordnung in der Nase mit Zugpropeller, wie in Abb. 35 oben dargestellt, ist am üblichsten, die Gründe hierfür liegen auf der Hand.

In dieser Anordnung kann das Gewicht des Motors das Gewicht des Leitwerks ausgleichen. Die Leitwerke liegen im Propellerstrahl und bleiben auch bei geringen Fluggeschwindigkeiten wirksam, vor allem bei Start und Landung ein Vorteil. Auch das Tragflächenmittelstück liegt im Propellerstrahl und liefert dadurch mehr Auftrieb. Beim konventionellen Ein- oder Doppeldecker liegt der Tank hinter dem Motor und damit in günstiger Nähe zum Schwerpunkt des Modells. Es muss daher nur wenig nachgetrimmt werden, wenn der Kraftstoffstand im Tank sinkt.

Ein Vorteil des Druckantriebs ist es, dass das Modell frei von Öl- und Kraftstoffrückständen bleibt. Die RC-Anlage muss dann soweit vorne wie möglich eingebaut werden, um das Gewicht des Motors zu kompensieren. Allerdings liegen die Ruder nicht im Propellerstrahl und oft kann nur ein besonders hohes Fahrwerk verhindern, dass der Propeller beim Start den Boden berührt. Der Motor neigt zu fettem Lauf, wenn das Modell die Nase hebt, und der Tank liegt deutlich hinter dem Schwerpunkt, wenn keine Kraftstoffpumpe verwendet wird.

Beim Doppelrumpfmodell kann man diese Nachteile vermeiden, außerdem eignen sie

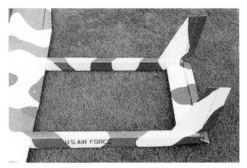

Abb. 37: Modelle mit Doppelrumpf können mit Zug- oder Druckantrieb ausgestattet werden und haben meist auch ein Doppelleitwerk.

Abb. 38: John Hearnes Fun-Scale Hercules mit Rumpf in leichter Holzbauweise, Nase und Tragfläche aus Styropor und Brettleitwerken aus Balsa.

sich für Zug- oder Druckantrieb, wie Abb. 36 zeigt. Mehr Aufmerksamkeit erfordern hier die Anlenkung der Ruder und eine ausreichende Steifigkeit der Rumpfausleger.

Mehrmotorige

Die Verwendung von mehr als einem Motor macht ein Modell sowohl teurer als auch aufwendiger, aber der Klang von zwei oder mehreren synchron laufenden Verbrennungsmotoren ist diesen Aufwand sehr wohl wert. Allerdings können nur erfahrene Piloten eine zweimotorige Maschine in der Luft halten, wenn ein Motor ausfällt. Der Bau einer Zweimotorigen macht deutlich mehr Arbeit. Es sind zwei Motorgondeln zu entwerfen und zu bauen, zwei Motoren müssen mit Kraftstoff versorgt werden etc. Ganz wichtig ist die Größe der Seitenruderfläche. Sie muss ausreichen, um das Modell auch dann noch sicher steuern zu können, wenn ein Motor ausgefallen ist. Wer auf der sicheren Seite sein will, kann die Motoren, wie in Abb. 39 dargestellt, mit einem entsprechenden Seitenzug einbauen.

Die Abbildung zeigt ein Modell mit Doppelleitwerk. Beide Leitwerke liegen im Propellerstrahl und sind leicht nach außen angestellt, um einseitig angreifenden Kräften entgegen zu wirken. Fällt ein Motor aus, kompensiert das im Propellerstrahl liegende Leitwerk die Tendenz zum Ausbrechen.

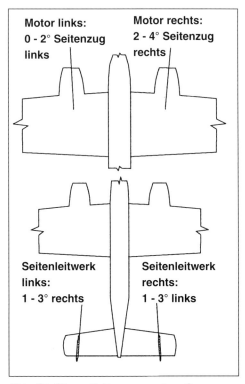

Abb. 39: Etwas Seitenzug nach außen verbessert die Handhabung eines zweimotorigen Modells bei Ausfall eines Motors. Die Angaben beziehen sich auf linkslaufende Motoren (von vorn betrachtet). Auch die Seitenleitwerke können in einem Winkel zur Flugrichtung angeordnet werden.

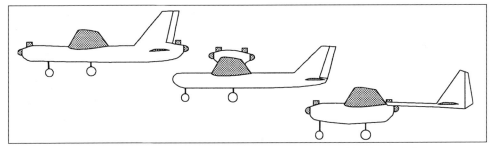

Abb. 40: Bei diesen Konfigurationen können Motoren mit unterschiedlicher Leistung verwendet werden.

Alle, die schon einmal zwei- oder mehrmotorige Maschinen geflogen haben, bestätigen, dass der Reiz dieser Maschinen kaum zu übertreffen ist. Für alle, die noch Bedenken haben, gibt es zwei Alternativen: Wer Elektromotoren verwendet, riskiert praktisch keinen Motorausfall. Die andere Möglichkeit sind Motoren in Tandemanordnung, die Motoren liegen also hintereinander und die Schubrichtung verläuft durch die Mitte des Modells. Auf diese Weise können auch Motoren unterschiedlicher Leistung eingebaut werden, wobei der schwächere Motor hinter dem stärkeren liegt. Abb. 40 zeigt drei Möglichkeiten für die Tandemanordnung von Motoren.

Fahrwerke

Vom Standpunkt des Modellbauers gesehen ist die einfachste Lösung das Weglassen des Fahrwerks. Das Modell wird aus der Hand gestartet und landet auf dem Bauch oder auf einer Kufe. Die einfachste Form des Fahrwerks ist das Zweibeinfahrwerk mit gesteuertem oder ungesteuertem Spornrad oder mit einem einfachen Hecksporn. Etwas mehr wiegt das Dreibeinfahrwerk mit gesteuertem oder ungesteuertem Bugrad. Die komplexeste Lösung schließlich ist das Einziehfahrwerk, das außerdem einen zusätzlichen Kanal der Steuerung benötigt. Wer mit Einziehfahrwerk fliegt, sollte eine vernünftige Piste zur Verfügung haben und das sichere Landen seines Modells beherrschen.

Schwimmer oder Ski sind schwerer und verursachen auch einen bedeutend größeren Luftwiderstand als normale Fahrwerke. Sie müssen sehr sorgfältig am Modell ausgerichtet werden, um Start und Landung auf Wasser oder Schnee zu ermöglichen. Mit Schwimmern und Skiern kann man eine ganz andere Art des Fliegens erleben, obwohl man mit beiden Fahrwerken oft auch von feuchtem Gras starten kann.

Dreibeinfahrwerk kontra Zweibeinfahrwerk

Dreibeinfahrwerke haben eine Reihe von Vorteilen gegenüber Zweibeinfahrwerken, aber auch einige Nachteile. Modelle mit Bugrad haben einen guten Geradeauslauf bei Start und Landung, was ausgesprochen angenehm ist. Dreibeinfahrwerke neigen weniger zum Springen, wenn eine Landung einmal nicht ganz so weich ausfällt, wie sie sollte.

Allerdings sind Dreibeinfahrwerke meist schwerer als Zweibeinfahrwerke. Unebene Rollbahnen belasten das Bugfahrwerk erheblich, ebenso wie zu forsche Landungen. Eine große Rolle beim Dreibeinfahrwerk spielt die Position des Hauptfahrwerks: Es muss kurz hinter dem Modellschwerpunkt liegen, damit das Modell beim Start die Nase nach oben nehmen kann. Beachten Sie, dass Sie bei einem Dreikanalmodell mit Querrudern, Höhenruder und Motordrossel das Bugrad mit den Querrudern koppeln können, um das Rollen am Boden zu erleichtern.

Abb. 41: Mit seinem kleinen Motor ist dieses 2-Kanal-Modell einer Lightning für ein Fahrwerk zu klein.

Wenn ein Modell mit Zweibeinfahrwerk mit zu hoher Geschwindigkeit aufsetzt, kann es passieren, dass das Modell springt. Der Schwerpunkt liegt hinter den Fahrwerksbeinen und drückt das Heck des Modells nach unten. Dadurch wird der Anstellwinkel der Tragfläche vergrößert und es wird mehr Auftrieb erzeugt. Abb. 42 veranschaulicht diesen Sachverhalt.

Modelle mit Zweibeinfahrwerk sind mit zwei weiteren Schwierigkeiten behaftet. Befindet sich das Fahrwerk zu nahe am Schwerpunkt, geht das Modell bei Start und Landung leicht auf die Nase. Wird das Fahrwerk weiter nach vorne versetzt, verstärkt sich die Neigung des Modells, beim Start nach links oder rechts auszubrechen. Ein vernünftiger Kompromiss bei der Position des Fahrwerks, ein gut wirkendes Höhenruder und jede Menge Erfahrung auf Seiten des Piloten sind der Schlüssel zum Erfolg.

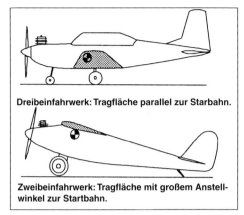

Dreibeinfahrwerk: Tragfläche parallel zur Starbahn.

Zweibeinfahrwerk: Tragfläche mit großem Anstellwinkel zur Startbahn.

Abb. 42: Bevor die Entscheidung für ein Zweibein- oder Dreibeinfahrwerk fällt, muss man die Vor- und Nachteile der beiden Fahrwerksarten gegeneinander abwägen.

Betrachten Sie Abb. 43, die zwei Modelle beim Start zeigt. Beide Modelle haben mit dem linken Rad des Hauptfahrwerks ein Grasbüschel berührt und werden nach links abgelenkt. Die Trägheit der Modelle wirkt zunächst noch in die ursprüngliche Richtung. Beim Modell mit Dreibeinfahrwerk ist Abstand **b** größer als Abstand **a** und der Rollwiderstand des rechten Fahrwerksrades wirkt der Drehung des Modells entgegen. Beim Modell mit Zweibeinfahrwerk ist Abstand **a** größer als Abstand **b** und der Rollwiderstand des linken Fahrwerksrades verstärkt die Drehbewegung.

Abb. 43: Die Rückstellkraft des Dreibeinfahrwerks ist beachtlich, wenn das Modell durch äußere Einflüsse vom Kurs abgelenkt wird. Genau das Gegenteil gilt für Zweibeinfahrwerke, wobei die Richtungsstabilität abnimmt, je weiter das Hauptfahrwerk vor dem Schwerpunkt liegt.

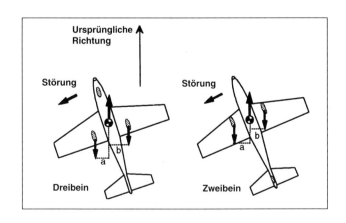

3 Die richtige Größe

Der Transport

In aller Regel wird die Größe des Modells von den zur Verfügung stehenden Transportmöglichkeiten bestimmt. Und natürlich von der Größe der Werkstatt, in der das Modell entstehen soll, von einem evtl. schon vorhandenen Antrieb und von den Mitteln in der Modellbaukasse. Sportmodelle haben meist eine praktische Größe. Weder erreichen sie ein Gewicht, das eine besondere Zulassung oder spezielle Sicherheitseinrichtungen im Modell erfordert, noch sind sie so klein, dass sie im Flug schwer zu sehen oder zu handhaben sind.

Abmessungen festlegen

Zwei Ausgangspunkte gibt es, um festzulegen, welche Abmessungen das neue Modell haben soll. Zunächst einmal hat jeder seine eigenen Vorstellungen von der idealen Größe seines Modells. Diese Vorstellungen werden ggf. korrigiert durch den geplanten Antrieb und die angestrebte Flugleistung des Modells. Ein kleines, schnelles Modell kann mit demselben Motor ausgestattet sein, wie ein größeres, langsameres Modell.

Im Rahmen der Berechnungen für ein zweimotoriges Modell wurde eine Liste von zweimotorigen Bauplanmodellen mit ihren

„An den Transport habe ich einfach nicht gedacht..."

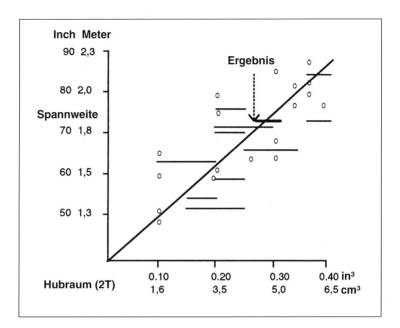

Abb. 44: Festlegen der Modellgröße anhand von praktischen Erfahrungen anderer Konstrukteure.

jeweiligen Antrieben erstellt. Festgehalten wurden der Hubraum der Motoren und die Spannweite der Modelle. Das Ergebnis der Auswertung zeigt das Diagramm in Abb. 44. Kreise stehen für Modelle mit einer einzigen Motorengröße, Linien geben Bereiche für die Motorisierung an. Die Diagonale stellt den Mittelwert für die Motorisierung der Modelle dar. Für ein Modell mit einer Spannweite von 1.880 mm eignen sich laut Diagramm Zweitaktmotoren mit einem Hubraum von 4 bis 5 cm³.

Mit Hilfe des Diagramms können Sie also bei der Planung eines neuen Modells von einer gewünschten Modellspannweite oder von der Motorisierung ausgehen. Zwei Beispiele wollen wir uns genauer ansehen: ein Modell mit einer Spannweite von 1.600 mm und durchschnittlicher Leistung und ein Modell, das von einem 6,5-cm³-2T-Motor mit durchschnittlicher Leistung angetrieben werden soll.

Bei einem Modell mit 1.600 mm Spannweite sieht eine Flächentiefe von 250 mm ganz vernünftig aus. Der Flächeninhalt beträgt damit 40 dm² und bei einer akzeptablen Flächenbelastung von 70 g/dm² ergibt sich ein Fluggewicht von 2.550 g. Ein 6,5-cm³-2T-Motor ist für ein Modell mit diesen Daten eine gute Lösung. Ein Blick auf das Diagramm in Abb. 45 zeigt, dass dieses Modell mit einem 4-cm³-2T-Motor schwach motorisiert, mit einem 10-cm³-Motor dagegen voll kunstflugtauglich wäre.

Ausgehend von einem durchschnittlichen 6,5-cm³-2T-Motor ergibt sich aus der Grafik ein Modell mit einem Flächeninhalt von 35 dm² (schnelles kunstflugtaugliches Modell) bis 55 dm² (langsam fliegender Trainer).

Abb. 46 zeigt einige Richtwerte für einen typischen Eindecker. Die Spannweite beträgt etwa das Sechsfache der mittleren Flächentiefe (C), die Rumpflänge beträgt etwa drei Viertel der Spannweite. Der Flächeninhalt der Leitwerke bezieht sich auf den Tragflächeninhalt. In späteren Kapiteln wird dieses Thema noch ausführlicher behandelt. Hier sollen nur grobe Richtwerte gegeben werden. Der Abstand X sorgt für eine ausreichende Bodenfreiheit des Propellers. Der tatsächliche Wert hängt von der Beschaffenheit der Startbahn ab, sollte aber bei Graspisten mindestens 50 mm plus den halben Propellerdurchmesser betragen.

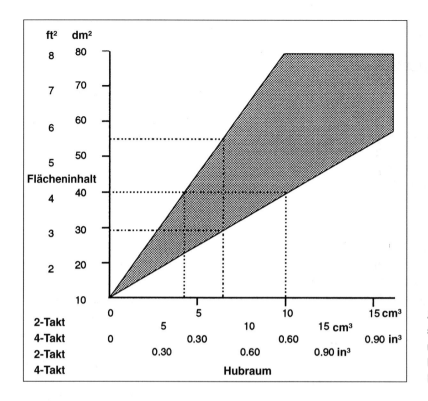

Abb. 45: Typisches Verhältnis zwischen Hubraum und Flächeninhalt.

Abstand Y sorgt dafür, dass das Modell beim Start die Nase heben kann, ohne mit dem Heck den Boden zu berühren.

Der Schwerpunkt ist bei 25 bis 33% der mittleren Flächentiefe in den meisten Fällen gut aufgehoben. Der niedrigere Wert ist dann angeraten, wenn der Rumpf relativ kurz ist oder wenn das Höhenleitwerk im Verhältnis zur Flügelfläche relativ klein ist. Wie man zuverlässig die Position des Schwerpunktes für alle Arten von Modellen ermittelt, werden wir später noch ausführlicher besprechen.

Wenn ein Modell zerlegbar ist, kann man es auch leichter transportieren. Meist lässt sich die Tragfläche komplett abnehmen und die Öffnung im Rumpf bietet gleichzeitig Zugang

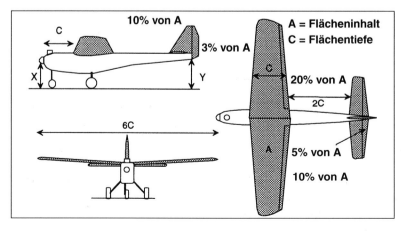

Abb. 46: Richtwerte für den ersten Entwurf. X sorgt für ausreichende Bodenfreiheit des Propellers, Y verhindert, dass das Heck beim Start den Boden berührt.

Abb. 47: Wegen seiner geringen Spannweite passt ein Dreidecker oft fix und fertig montiert in ein Auto. Die Triplane von Flair ist kein Scale-Modell, sieht aber wie eines aus.

Abb. 49: Der Flügel der Spitfire, für hohe Wendigkeit ausgelegt, im Vergleich mit einer Seglertragfläche macht die unterschiedlichen Flügelstreckungen deutlich.

zur RC-Ausrüstung. Vor allem bei größeren Flugmodellen kann auch ein abnehmbares Höhenleitwerk von Vorteil sein.

Das Gegenstück zur Transporterleichterung ist die Zeit, die benötigt wird, um das Modell am Flugplatz wieder zu montieren. Bei Eindeckern ist das meist kein Problem, bei Doppeldeckern kann es schon schwieriger werden, weil die Tragflächen meist auch Streben oder eine Verspannung haben. Deltas oder Nurflügel müssen für den Transport oft gar nicht erst zerlegt werden. Wie „zerlegbar" ein Modell sein muss, hängt letztendlich vom Transportmittel ab und von der Anzahl der Modelle und/oder Mitfahrer, die zu befördern sind. Eine Transportbox auf dem Dach des Autos kann ganz wesentlich zur Entspannung der Situation beitragen.

Spannweite und Streckung

Die Spannweite des geplanten Modells hängt von zwei Faktoren ab: erstens von der Vorliebe des Konstrukteurs und dem Einsatzzweck des neuen Modells. Zweitens von der gewünschten Streckung und vom Flächeninhalt.

Allgemein gilt: je höher die Streckung, desto besser die Gleitflugeigenschaften und desto schlechter die Wendigkeit eines Modells. Wenn Motor und Flächeninhalt des Modells feststehen, werden durch die Streckung der Fläche Spannweite und mittlere Flächentiefe festgelegt.

Abb. 48 veranschaulicht die Beziehung zwischen den Größen: Spannweite multipliziert mit der Flächentiefe ergibt den Flächeninhalt, Spannweite geteilt durch Flächentiefe ergibt die Streckung. Die Bedeutung der Streckung besteht darin, dass, wenn alle anderen Faktoren gleich sind, eine Tragfläche mit hoher Streckung einen geringeren induzierten Widerstand erzeugt als eine Tragfläche mit geringer Streckung. So kann ein Delta durchaus eine Streckung von weniger als 2 haben und ein typisches Sportmodell eine Streckung von etwa 6. Bei Hochleistungsseglern ist eine Streckung von 12 und mehr üblich.

Bei einer Rechteckfläche ist es sehr einfach, die mittlere Flächentiefe zu bestimmen, bei anderen Flächengeometrien kann das etwas schwieriger sein. Mit etwas Augenmaß

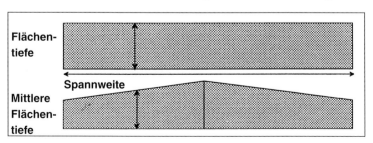

Abb. 48: Die Streckung ist der Quotient aus Spannweite und (mittlerer) Flächentiefe.

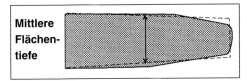

Abb. 50: Angenäherter Flügelumriss mit geradliniger Nasen- und Endleiste zur Bestimmung der mittleren Flächentiefe.

kann man aber den Umriss einer Tragfläche meist so anpassen, dass sich die mittlere Flächentiefe in der Mitte der Halbspannweite relativ genau ermitteln lässt.

Rumpflänge und -querschnitt

Die Länge des Rumpfes bestimmt in erster Linie den Leitwerkshebelarm. Beim typischen Eindecker beträgt die Rumpflänge etwa drei Viertel der Spannweite. Wenn alle anderen Faktoren gleich sind, nimmt mit der Rumpflänge die Stabilität eines Modells um Hoch- und Querachse zu. Der Rumpfquerschnitt ist weitgehend Sache des Konstrukteurs. Wichtig ist ausreichende Stabilität und genügend Platz für die RC-Ausrüstung.

Rümpfe mit quadratischem oder rechteckigem Querschnitt sind am einfachsten zu bauen, aber vom Standpunkt der Ästhetik nicht

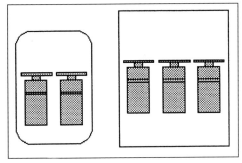

Abb. 51: Passt die benötigte Anzahl an Servos auch in den Rumpf?

immer befriedigend. Kreisförmige oder ovale Rumpfquerschnitte sind optisch ansprechender; da sie in zwei Ebenen gekrümmt sind, erfordert der Bau allerdings einen größeren Aufwand. Mehr zu diesem Thema erfahren Sie in Kapitel 9.

Bereits im Planungsstadium sollten Sie sich Gedanken über die Anordnung von Antrieb und RC-Ausrüstung im Rumpf machen. Ein Beispiel zeigt Abb. 52. Platzieren Sie die RC-Komponenten möglichst so, dass der Schwerpunkt ohne Zugabe von Ballast eingestellt werden kann. Achten Sie auch darauf, dass genügend Raum für die Polsterung des Empfängers vorhanden ist.

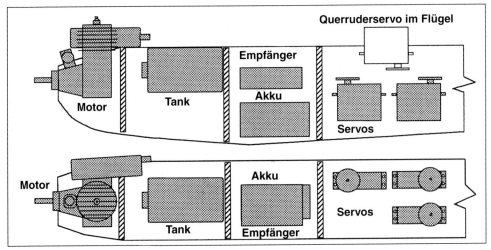

Abb. 52: Die Anordnung der wichtigsten Komponenten muss in der Seitenansicht und in der Draufsicht überprüft werden.

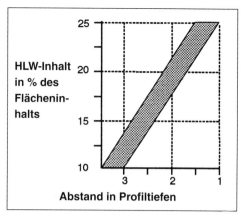

Abb. 53: Die Größe des Höhenleitwerks hängt von seinem Abstand zur Tragfläche ab.

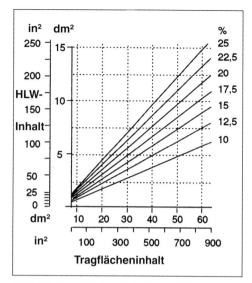

Abb. 54: Der Flächeninhalt des Höhenleitwerks hängt ab von Tragflächeninhalt, Rumpflänge und Modelltyp.

Das Höhenleitwerk: Größe und Position

Wie groß das Höhenleitwerk werden soll, ist im Grunde eine Frage der Stabilität. Ein zu kleines Leitwerk macht ein Flugzeug schwer kontrollierbar. Ein zu großes Leitwerk bedeutet unerwünschtes Gewicht am Heck und einen hohen Luftwiderstand. Besonders bei Modellen mit kurzer Nase ist das Gewicht im Heck schwer zu kompensieren.

Beeinflusst wird die Größe des Höhenleitwerks außerdem durch den Hebelarm, also den Abstand zwischen Leitwerk und Tragfläche. Das Höhenruder zählt dabei immer zur Fläche des Höhenleitwerks. Ausgehend von der Rumpflänge kann anhand von Abb. 53 die Größe des Höhenleitwerks in Prozent des Tragflächeninhalts ermittelt werden. Die tatsächliche Größe des Leitwerks auf Basis des Tragflächeninhalts ist in Abb. 54 angegeben.

Ein guter Richtwert für die Größe des Leitwerks liegt bei 15% des Tragflächeninhalts; ist der Abstand zwischen Leitwerk und Tragfläche größer als die doppelte Tragflächentiefe, kann das Leitwerk etwas kleiner gewählt werden und umgekehrt. Der Flächeninhalt des Leitwerks ist das Produkt aus der Spannweite und der mittleren Flächentiefe des Höhenleitwerks.

Beachten Sie, dass Flugstabilität durch folgende Faktoren begünstigt wird:
- Großes Höhenleitwerk
- Langer Rumpf
- Vordere Position des Schwerpunkts

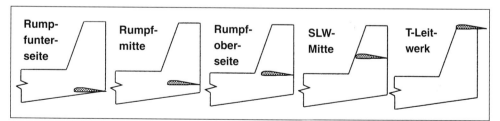

Abb. 55: Unterschiedliche Möglichkeiten zur Positionierung des Höhenleitwerks an Rumpf und Seitenleitwerk.

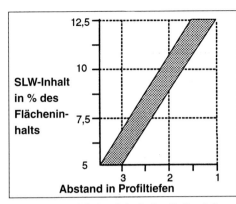

Abb. 56: Der Flächeninhalt des Seitenleitwerks hängt von seinem Abstand zur Tragfläche ab.

Auch die vertikale Anordnung des Höhenleitwerks an Rumpf oder Seitenleitwerk verdient Beachtung. Üblicherweise befindet sich das Leitwerk hinter der Tragfläche, seine Leistung kann daher durch das Abwindfeld hinter der Tragfläche beeinflusst werden. In Abb. 55 sind fünf Möglichkeiten für die vertikale Anordnung des Höhenleitwerks skizziert. Hoch angesetzte Höhenleitwerke werden nicht durch die Luftströmung von der Tragfläche beeinflusst. Im Falle eines Strömungsabrisses besteht jedoch die Gefahr, dass sie in den toten Winkel von Tragflächen mit geringer Streckung oder starker Pfeilung geraten. Bei Flugzeugen ohne Fahrwerk sind hoch angesetzte Höhenleitwerke weniger anfällig für Beschädigungen bei Landungen auf unebenem Terrain. Natürlich hängt die Position des Höhenleitwerks auch von der Anordnung der Tragfläche ab.

Pendelleitwerke

Mit Pendelhöhen- und -seitenleitwerke sind typischerweise Segelflugmodelle und Impellermodelle ausgestattet, sie können aber auch an den meisten anderen Modelltypen verwendet werden. Einige Gefahren, von denen die Neigung der Ruder zum Flattern für das Modell tödlich sein kann, müssen berücksichtigt werden. Drehachse und Schwerpunkt des Leitwerks müssen sorgfältig gewählt werden, die Anlenkung muss starr und absolut spielfrei sein. Die Lagerung des Leitwerks im Rumpf muss stabil und leichtgängig sein.

Seitenleitwerk

Die Seitenleitwerksfläche wird genauso berechnet wie die Höhenleitwerksfläche. Auch hier ist das Ruder in die Fläche mit eingerechnet. Doppelleitwerke sind vor allem für zweimotorige Maschinen eine gute Wahl, da die Leitwerke im Propellerstrahl platziert werden können. Aufbau und Anlenkung der Ruder sind allerdings etwas komplizierter als beim einfachen Seitenleitwerk. Die Gesamtfläche des Doppelleitwerks sollte der Fläche eines einfachen Leitwerks entsprechen.

V-Leitwerk

Beim V-Leitwerk sind die Funktionen von Höhen- und Seitenleitwerk kombiniert. V-Leitwerke haben im Durchschnitt einen um etwa 10% größeren Flächeninhalt als das entsprechende Höhenleitwerk, die Leitwerkshälften weisen im Winkel von etwa 30° nach oben. Für V-Leitwerke spricht einiges. Die beiden Leitwerkshälften erzeugen weniger schädlichen und induzierten Widerstand als ein konventionelles Kreuzleitwerk und sie sind gut gegen Bodenberührung bei Landungen in unebenem Gelände geschützt. Das ist vor allem bei Modellen ohne Fahrwerk wichtig. Die Anlenkung der Ruder erfordert einen mechanischen oder elektronischen Mischer. V-Leitwerke können nach oben oder nach unten geöffnet sein, wie in Abb. 57 dargestellt. Als Seitenruder verwendet, tritt beim V-Leitwerk ein negatives Wendemoment auf, das man aber durch eine Differenzierung der Ausschläge in den Griff bekommt.

Auswiegen des Modells

Manche Modellbauer finden es schwierig, das Fluggewicht eines Modells abzuschätzen, das bisher nur auf dem Papier existiert. Systematisches Vorgehen, eine Waage und etwas Erfah-

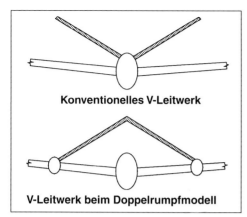

Abb. 57: Das V-Leitwerk kann nach oben oder, bei einem Doppelrumpfmodell, nach unten geöffnet sein.

benötigen eine Küchenwaage und ggf. die Rümpfe, Tragflächen und Leitwerke ähnlicher Modelle, um die Werte zu ermitteln. Zeichnen Sie dann eine maßstabsgetreue Seitenansicht vom Rumpf Ihres Modells und kennzeichnen Sie Lage und Gewicht der einzelnen Komponenten möglichst genau. Diese Angaben können natürlich auch auf dem Bauplan gemacht werden. So lässt sich grob die Gewichtsverteilung im Modell abschätzen (Abb. 58).

Die Lage des Schwerpunkts

rung sind der Schlüssel zum Erfolg. Notieren Sie das Gewicht der wichtigsten Baugruppen und Komponenten. Tabelle 2 zeigt eine Aufstellung dieser Angaben für ein typisches 4-Kanal-Modell mit 4-cm³-Zweitaktmotor. Sie

Jetzt können Sie Ihre Fähigkeiten als Konstrukteur unter Beweis stellen, indem Sie die Lage des Schwerpunkts berechnen und dafür sorgen, dass er möglichst ohne Zugabe von Ballast an der gewünschten Stelle liegt. Stellen Sie sich den Rumpf einfach wie eine Wippe vor, die Sie ins Gleichgewicht bringen müssen. Motor und Leitwerk befinden sich in der Regel an den äußersten Enden des Rumpfes; Abb. 59 skizziert diesen Ansatz.

Tabelle 2: Typische Gewichtsbilanz eines neuen Entwurfs. Gewichtsangaben in Kursivschrift sind Schätzungen.

Bezeichnung	g	oz	Bezeichnung	g	oz
Motor	225	8	600-mAh-Akku	110	4
Propeller	30	1	*Rumpf*	*450*	*16*
Spinner	25	1	*Tragfläche*	*175*	*6*
Tank	30	1	*Fahrwerk*	*340*	*12*
Empfänger	55	2	*Leitwerk*	*60*	*2*
4 Servos	170	6	**Gesamt**	**1.660**	**59**

Abb. 58: Position und Gewicht der einzelnen Komponenten in der Seitenansicht des Modells.

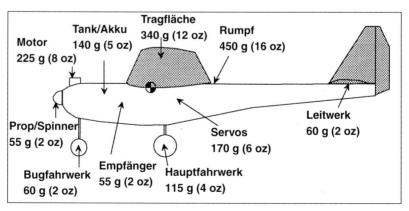

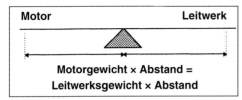

Abb. 59: Die Position der Komponenten muss so gewählt werden, dass das Modell im Gleichgewicht ist.

Jedes Bauteil im Flugmodell muss bei der Ermittlung des Schwerpunktes berücksichtigt werden. In Tabelle 3 sind Gewicht und Entfernung der einzelnen Bauteile vom Schwerpunkt für unseren Beispielentwurf zusammengefasst. Eine ähnliche Tabelle sollten Sie für jeden Entwurf anlegen.

Mittlere aerodynamische Flächentiefe

Zunächst muss die mittlere aerodynamische Flächentiefe bestimmt werden. Bitte beachten Sie, dass das nicht dasselbe ist, wie die mittlere Flächentiefe, die bei Einfachtrapezflächen in der Mitte der Halbspannweite liegt. Mit Hilfe des Schaubilds in Abb. 60 lässt sie sich aber recht einfach ermitteln. Hierzu müssen die Länge einer Tragflächenhälfte und das Verhältnis der Flächentiefen von Flächenwurzel zu Randbogen gemessen werden.

Als Alternative gibt es auch eine grafische Lösung. Verlängern Sie auf einer Draufsicht der Tragfläche die Flächenwurzel nach vorne und nach hinten um die Flächentiefe am Randbogen und umgekehrt. Verbinden Sie dann die Enden der verlängerten Linien mit Diagonalen. Die mittlere aerodynamische Flächentiefe liegt im Schnittpunkt der Diagonalen. Verwenden Sie bei Tragflächen, deren Nasen- und Endleisten nicht gerade verlaufen, die in Abb. 50 gezeigte Näherung. Beide Ansätze liefern ähnlich gute Ergebnisse.

Ist die mittlere aerodynamische Flächentiefe bestimmt, gilt es, auf dieser Linie die ideale Position für den Schwerpunkt zu suchen. Folgende Werte müssen gemessen werden:

Bezeichnung	Gewicht/g	Abstand/mm	g × mm	Gewicht/oz	Abstand/in	oz × in
Motor	225	25	5.625	8	1	8
Propeller	30	35	1.050	1	1,5	1,5
Spinner	25	35	875	1	1,5	1,5
Tank	30	25	750	1	1	1
Bugfw.	60	25	1.500	2	1	2
600-mAh-Akku	110	25	2.750	3,75	1	3,75
Empfänger	55	15	825	2	0,5	1
Tragfläche	340	0	0	12	0	0
Gesamt vorn			**13.375**			**18,75**
4 Servos	170	19	1.700	6	0,5	3
Rumpf	450	15	6.750	16	0,6	9,5
Hauptfw.	115	110	1.150	4	0,5	2
Leitwerk	60	65	3.900	2	2,5	5
Gesamt hinten			**13.500**			**18,5**

Tabelle 3: Eine Tabelle wie diese eignet sich zur Einschätzung der Gewichtsverteilung bei einer neuen Konstruktion. Unterschiede zwischen metrischen und britischen Einheiten basieren auf Rundungsfehlern.

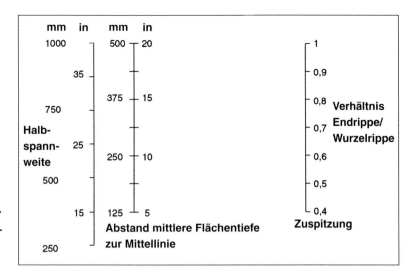

Abb. 60: Schaubild zur Ermittlung der mittleren aerodynamischen Flächentiefe.

- Länge der mittleren aerodynamischen Flächentiefe
- Länge der mittleren aerodynamischen Leitwerkstiefe
- Entfernung zwischen den beiden Punkten, die 15% innerhalb dieser Linien liegen
- Tragflächeninhalt
- Höhenleitwerksinhalt

Dann
- den Höhenleitwerksinhalt durch den Tragflächeninhalt teilen
- die Entfernung zwischen den beiden 15-%-Punkten durch die mittlere aerodynamische Flächentiefe teilen

Stehen diese Ergebnisse fest, können Sie ein Lineal auf das Schaubild in Abb. 63 legen und die Lage des Schwerpunktes auf der Linie der mittleren aerodynamischen Flächentiefe ermitteln. Ein bisschen kompliziert, nicht wahr, aber ganz ohne Formeln. Am besten lesen Sie den Abschnitt nochmals sorgfältig durch, bevor Sie sich an die Arbeit machen.

In unserem Beispiel wird die Lage des Schwerpunkts durch die gepunktete Linie in

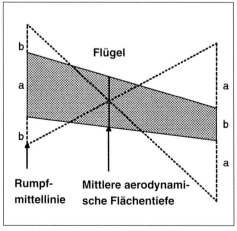

Abb. 61: Grafische Methode zur Ermittlung der mittleren aerodynamischen Flächentiefe.

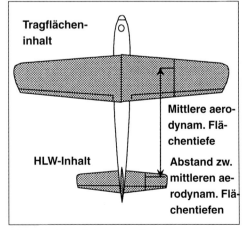

Abb. 62: Die wichtigsten Parameter zur Bestimmung des Schwerpunkts.

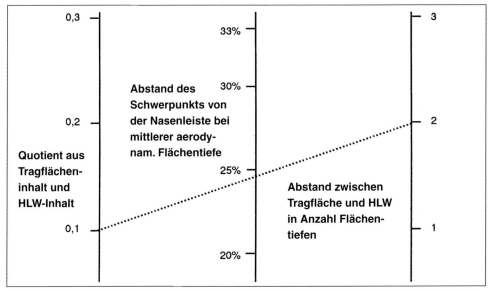

Abb. 63: Bestimmung des Schwerpunkts vor dem Erstflug.

Abb. 63 mit 24% auf der Linie der mittleren aerodynamischen Flächentiefe angegeben. Bei einem Nurflügel oder einem Delta, die beide kein Höhenleitwerk besitzen, sollte der Schwerpunkt bei 15% liegen. Einfach, oder?

Die Skalen in Abb. 63 sind unabhängig von der gewählten Maßeinheit gültig. Beachten Sie bitte, dass der so ermittelte Schwerpunkt lediglich eine sichere Ausgangsbasis darstellt und dass der tatsächliche Schwerpunkt beim Fliegen ermittelt werden muss. Stellen Sie außerdem sicher, dass sich der Schwerpunkt durch den Kraftstoffverbrauch des Motors nicht zu stark verlagern kann oder bedenken Sie das bereits bei der Wahl des Schwerpunkts.

Besitzt das Modell eine lange Rumpfnase, wie z. B. der Jet in Abb. 64, muss die Nase als zusätzliche Auftriebsfläche berücksichtigt werden. Als Faustregel gilt eine Verschiebung des Schwerpunktes um 1% nach vorne pro 10% zusätzlicher Fläche (graue Fläche in Abb. 64).

Der Schwerpunkt bei Doppeldeckern und Canards

Beim Doppel- oder Dreidecker wird die Lage des Schwerpunkts genauso berechnet wie beim Eindecker, wenn die Tragflächen nicht gestaffelt sind. Die Flächeninhalte werden dabei addiert. Sind die Flächen gestaffelt, wird die mittlere aerodynamische Flächen-

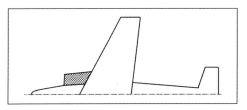

Abb. 64: Bei manchen Modellen müssen zusätzliche Auftriebsflächen am Rumpfbug berücksichtigt werden.

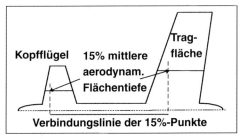

Abb. 65: Schwerpunktberechnung bei Enten.

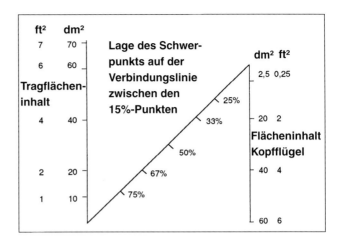

Abb. 66: Schaubild zur Festlegung des Schwerpunkts bei Enten.

tiefe zwischen der Nasenleiste des vorderen Flügels und der Endleiste des hinteren Flügels eingezeichnet.

Etwas ungewöhnlich, aber genauso einfach, ist die Schwerpunktermittlung beim Canard. Hier müssen die Flächeninhalte von Tragfläche und Kopfflügel berechnet werden, ebenso die Entfernung zwischen den beiden 15-%-Punkten an der Position der mittleren aerodynamischen Flächentiefe der beiden Flächen.

Die Lage des Schwerpunkts auf der Linie der mittleren aerodynamischen Flächentiefe kann in Abb. 66 abgelesen werden. Die Skalen links und rechts in der Grafik geben die Flächeninhalte von Tragfläche und Kopfflügel an, die Lage des Schwerpunktes in Prozent kann auf der Diagonalen abgelesen werden.

Modellgröße und Leistung

Die Größe eines Modells hat einen erheblichen Einfluss auf dessen Flugeigenschaften. Zum Beispiel scheint ein Flugmodell umso langsamer zu fliegen, je größer es ist. Wer schon einmal große Verkehrsflugzeuge bei Start oder Landung beobachtet hat, kann das bestätigen. Dieser Eindruck entsteht dadurch, dass ein großes Flugzeug bei gleicher Geschwindigkeit länger braucht, um die eigene Rumpflänge zu durchfliegen als ein kleines Flugzeug. Ein kleines Flugzeug erreicht außerdem wesentlich schneller die Sichtgrenze und muss daher öfter die Flugrichtung wechseln.

Andererseits sind kleine Modelle meist wendiger. Bei gleicher Flächenbelastung ist die Trägheit eines kleinen Flugzeuges geringer, es kann daher schneller beschleunigen und auch enger kurven oder wenden. Trainer sollten eine vernünftige Größe haben, denn zum Fliegen kleiner und schneller Modelle braucht man gute Reflexe. Je größer ein Modell ist, desto höher sind auch die Anforderungen an die einzelnen Bauteile und die Ausrüstung. Das Baumaterial muss also entsprechend gewählt werden. Wie in Kapitel 1, Abb. 16, gezeigt, ändern sich die Abmessungen der verwendeten Materialien beim Vergrößern oder Verkleinern von Modellen nicht in demselben Verhältnis wie die Größe des Modells.

4 Der Antrieb

Verschiedene Antriebsmöglichkeiten

Es gibt viele Möglichkeiten, RC-Modelle anzutreiben. Schwerkraft, Thermik und Hangaufwind, wie sie hauptsächlich die Segelflugzeuge nutzen, bleiben in diesem Buch unberücksichtigt, ebenso wie mehrzylindrige Verbrennungsmotoren, Turbinen und Impeller, weil sie nicht das typische Sportmodell antreiben.

Die Wahl des Antriebs hat einen ganz wesentlichen Einfluss auf Entwurf und Aufbau des Modells, also beginnen wir am besten mit einer Übersicht über die verschiedenen Antriebsmöglichkeiten und deren wichtigste Eigenschaften, die in Tabelle 4 zusammengefasst sind.

Abb. 67: Oben links zwei Modelldiesel ohne Drossel, oben rechts ein einfacher 2T-Glühzünder, unten links ein 2T-Rennmotor und daneben ein typischer Viertakter.

	Gewicht Motor	Gewicht Kraftstoff	Vibration	Leistungsgewicht	Eignung für große Props	Lärmpegel
2T-Glow	gering	mäßig	mittel	sehr hoch	schlecht	sehr hoch
4T-Glow	mittel	gering	hoch	hoch	durchschnittl.	hoch
Diesel	mittel	gering	hoch	hoch	gut	hoch
2T-Benzin	hoch	sehr gering	mittel	hoch	durchschnittl.	sehr hoch
4T-Benzin	hoch	sehr gering	hoch	mittel	gut	hoch
Elektro	sehr gering	sehr hoch	kaum	gering	schlecht	sehr gering
E-Getriebe	gering	sehr hoch	kaum	gering	ausgezeichnet	sehr gering

Tabelle 4: Die wichtigsten Eigenschaften der Antriebe für RC-Sportmodelle.

Bei Verbrennungsmotoren ist es vor allem die Geräuschentwicklung, auf die wir achten müssen. Wirkungsvolle Schalldämpfer fallen meist etwas groß aus, uns sie werden sehr heiß. Das muss beim Einbau des Antriebs berücksichtigt werden. Die Geräuschentwicklung bei Verbrennungsmotoren ist einer der wesentlichen Faktoren für die große Beliebtheit von Elektroantrieben, die es heute für jeden Einsatzbereich und in großer Auswahl gibt.

Zweitakt-Glühzünder

Zweitakter sind die am weitesten verbreiteten Verbrennungsmotoren. Sie sind leicht und einfach aufgebaut, einfach in der Handhabung und bieten ein ausgezeichnetes Leistungsgewicht. Besonders erwähnt werden muss der Wankelmotor, den es als 5-cm³-Motor von OS gibt. Wankelmotoren sind sehr kompakt und drehen kleine Luftschrauben mit im Vergleich zu herkömmlichen 2-Taktern hoher Drehzahl.

In der Vergangenheit tauchten mehrfach Zweitakt-Getriebemotoren auf. Das Getriebe macht die Motoren zwar etwas schwerer,

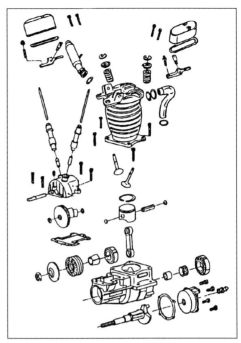

Abb. 69: Mit seinen Ventilen, Federn, Kipphebeln, Stößelstangen und der Nockenwelle ist der Viertakter komplexer als der 2T-Glühzünder.

erlaubt aber die Verwendung größerer Luftschrauben. Seit der Einführung von Viertaktmodellmotoren gibt es diese Getriebemotoren aber kaum noch.

Die Leistung von modernen Modellmotoren reicht von etwa 75 Watt pro Kubikzentimeter Hubraum für einfache Sportmotoren bis etwa zum Vierfachen dieses Wertes für Rennoder Impellermotoren. Hochleistungsmotoren können bis zu doppelt so viel Kraftstoff verbrauchen wie ein einfacher Sportmotor des gleichen Hubraums. Zweitaktmotoren benötigen einen guten Schalldämpfer, um die jeweils geltenden Bestimmungen für Geräuschemission einzuhalten. Ein Nachteil ist allen Verbrennungsmotoren gemein: Das Modell muss durch eine kraftstofffeste Lackierung oder Bespannung gegen Methanol und Nitromethan geschützt werden.

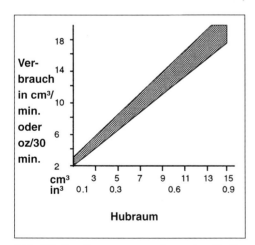

Abb. 68: Das Fassungsvermögen des Kraftstofftanks kann anhand des Kraftstoffverbrauchs eines typischen 2T-Glühzünders und der gewünschten Flugdauer bestimmt werden.

Viertakt-Glühzünder

Viertaktmotoren sind komplexer aufgebaut als Zweitaktmotoren und bei gleichem Hubraum auch etwas schwerer. Außerdem sind sie teuerer. Auf der anderen Seite sind sie wesentlich sparsamer im Verbrauch und sie sind leiser. Diese beiden Faktoren bringen das Einsatzgewicht des Viertakters wieder in die Nähe des Zweitakters und der geringere Kraftstoffverbrauch lässt den höheren Anschaffungspreis des Viertakters auch leichter verschmerzen.

Modelldiesel

Beim Modelldiesel oder Selbstzünder erfolgt die Zündung durch die Komprimierung des Kraftstoff-Luft-Gemisches. Diese Motoren waren in den 50er und 60er Jahren in Europa sehr verbreitet, wurden dann aber schnell von den Glühzündern abgelöst, die zunächst aus den USA, später aus Japan auf den europäischen Markt kamen.

Modelldiesel haben Vor- und Nachteile. Zum einen kommen sie ganz ohne Startakku aus, da sie keine Glühkerze besitzen. Sie drehen größere Propeller als Glühzünder mit gleichem Hubraum, ein Vorteil bei Modellen mit großen zylindrischen Motorhauben. Sie verbrauchen etwa halb so viel Kraftstoff wie ein Zweitakt-Glühzünder und der Kraftstoff ist weniger aggressiv.

Allerdings sind Modelldiesel etwas schwerer als Glühzünder und sie erzeugen heftigere Vibrationen. Die optimale Kompression muss mit Hilfe eines Gegenkolbens eingestellt werden und die Verbrennungsrückstände sind recht lästig. Modelldiesel lassen sich traditionell schlechter drosseln als Glühzünder und werden meist mit Hubräumen bis etwa 5 cm^3 angeboten. Erfolgreiche Versuche gibt es aber auch mit Modelldieseln von 10 cm^3 und mehr.

Benzinmotoren

Benzinmotoren sind die wirtschaftlichsten Motoren, denn der Kraftstoff ist vergleichsweise preiswert und der Verbrauch sehr gering. Ein gewisser Aufwand entsteht durch die bei diesen Motoren erforderliche Zündanlage und ihre Entstörung. Kraftstoffschläuche aus Silikon können für Benzinmotoren nicht verwendet werden, da sich dieses Material nicht mit dem Kraftstoff verträgt. Die Zündanlage treibt den Preis und das Gewicht für diese Art des Antriebs in die Höhe. Benzinmotoren sind vor allem in Größen ab 15 cm^3 gebräuchlich und sind oft umgebaute Kettensägenmotoren. Mit speziellen Umbausätzen können Glühzünder zu Benzinmotoren umgerüstet werden.

Abb. 70: Ein auf Zündung umgerüsteter Super Tigre, im Bild mit Zündspule und Akku. (Foto: Handy Systems)

Abb. 71: Von links nach rechts und von oben nach unten: konventioneller Schalldämpfer mit Nachschalldämpfer, kleiner konventioneller Dämpfer, Heli-Schalldämpfer, Eigenbaudämpfer, Topfschalldämpfer, kurzes Resorohr, Zusatzschalldämpfer.

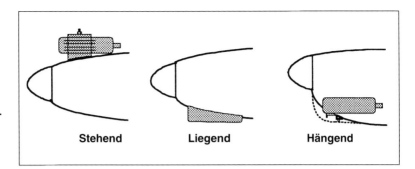

Abb. 72: Drei Einbaumöglichkeiten für den Motor (Seitenansicht).

Schalldämpfer

Bei den Schalldämpfern unterscheidet man hauptsächlich drei Arten von Dämpfern:
- Seitenschalldämpfer
- Topfschalldämpfer
- Resonanzrohre

Manche Modellflieger montieren an den Antrieben ihrer Modelle auch Dämpfer aus eigener Herstellung. Wichtig ist, dass der Einbau des Schalldämpfers bereits bei der Montage des Motors eingeplant wird und auch, dass das Gewicht des Dämpfers und sein Einfluss auf den Modellschwerpunkt berücksichtigt werden.

Die Überschrift dieses Abschnitts sollte vielleicht besser Geräuschdämpfung lauten als Schalldämpfer, da Verbrennungsmotoren auch auf andere Weise Geräusche erzeugen. In jedem Fall ist es wichtig, sich Gedanken über den Einbau des Schalldämpfers zu machen, vor allem, wenn auch ein Nachschalldämpfer verwendet werden soll. Wird der Dämpfer im Modell oder außen am Modell montiert? Wenn er im Modell eingebaut wird, wie steht es mit der Kühlung? Moderne Schalldämpfer sind meist groß und werden ziemlich heiß. Sie müssen sicher befestigt werden und zwar am besten so, dass Verbrennungsrückstände nicht auf das Modell gelangen.

Die Geräuschentwicklung von Propellern kann ganz erheblich zum Lärmpegel eines Modells beitragen. Vor allem bei Modellen mit großem Rumpfquerschnitt sollte man sich über Propellerdurchmesser und -steigung Gedanken machen. Grundsätzlich gilt: je größer der Propeller und die Steigung, desto geringer die Geräuschentwicklung. Im nächsten Abschnitt geht es um die Befestigung des Motors im Modell. Eine schwingungsgedämpfte Motoraufhängung kann ganz erheblich zur Lärmreduzierung im Modell beitragen. Und schließlich kann auch die Bauweise eines Modells zur Geräuschentwicklung beitragen. So kann z. B. ein Modell mit Rippenflügel und straffer Bespannung wesentlich lauter sein als das gleiche Modell mit Styroporfläche.

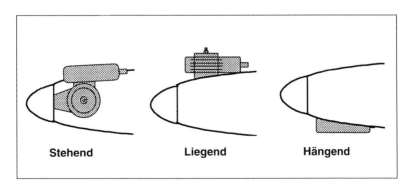

Abb. 73: Drei Einbaumöglichkeiten für den typischen 2T-Motor (Ansicht von oben).

Abb. 74: Wird der Motor um 45° gekippt eingebaut, liegt der Auspuff außerhalb des Rumpfs.

Abb 75: Druckantrieb mit hängend eingebautem Motor und Heli-Auspuff.

Der Einbau von Verbrennungsmotoren

Was beim Einbau eines Motors in das Modell zu beachten ist, hängt zunächst einmal von der Art des Motors ab. Einige Kriterien finden Sie in der folgenden Liste:
- Hubraum
- Glühzünder, Diesel- oder Benzinmotor
- Zweitakt- oder Viertaktmotor
- Leistung
- Einbauposition
- Position des Schalldämpfers
- Motoraufhängung
- Vibrationen
- Kraftstoffverbrauch

Stehend, hängend oder liegend

Es liegt auf der Hand, dass sich ein stehend eingebauter Motor am einfachsten starten und auch betreiben lässt. Warum gibt es dann überhaupt andere Einbaumöglichkeiten? Das ist meist eine Frage der Ästhetik. Dass ein hängend oder liegend eingebauter Zweitakter in der Nase des Modells sehr viel attraktiver aussehen kann, zeigt Abb. 72.

Betrachtet man das Modell von der richtigen Seite, ist beim liegend eingebauten Motor nur ein Stückchen des Schalldämpfers unterhalb der Nase zu sehen. Bei hängendem Einbau ist nur die Oberseite des Zylinderkopfs sichtbar, der Dämpfer allerdings befindet sich komplett seitlich außerhalb des Rumpfs.

Der Zylinderkopf kann natürlich auch komplett unter der Motorhaube verschwinden (durch die gestrichelte Linie angedeutet). Beim Viertaktmotor muss man in diesem Fall an den zusätzlichen Raum für den Ventiltrieb des Motors denken.

45° gekippt

Einen guten Kompromiss stellt der um 45° gekippt eingebaute Motor dar. Diese Einbauvariante sieht einigermaßen elegant aus, erfordert aber in der Regel die Verwendung eines gekauften Motorträgers oder eine andere Art von Befestigung an der Vorderseite des Motorspants.

Pusher

Einbautechnisch besteht kaum ein Unterschied zwischen Zug- und Druckantrieb. Zu beachten ist hauptsächlich die Montage des

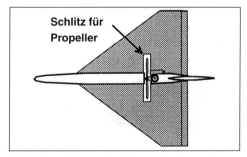

Abb. 76: In dieser Konfiguration kann der Motor als Zug- oder Druckantrieb eingebaut werden.

Schalldämpfers und die Kraftstoffversorgung. Beim Einbau eines Standardschalldämpfers werden die Abgase nach vorne und gegen den Luftstrom ausgestoßen. Dreht man den Dämpfer um 180°, wird der Propeller stark verschmutzt. Eine ideale Lösung findet sich oft in Form eines Topfschalldämpfers. In Bezug auf die Kraftstoffversorgung unterscheidet sich das Modell mit Druckantrieb vom konventionellen Modell dadurch, dass der Motor nach dem Start, wenn das Modell die Nase hebt und steigt, nicht wie üblich magerer, sondern etwas fetter läuft. Der Tank liegt beim Pusher meist nicht in der Nähe des Schwerpunkts. Der Schwerpunkt wird sich also mit zunehmendem Kraftstoffverbrauch etwas verschieben.

Abb. 78: Hängender Einbau eines Viertakters, diesmal an einem Motorträger aus Kunststoff.

Motoraufsätze

Bei Wasserflugzeugen und vor allem bei Seglern mit Hilfsmotor befinden sich Motor und Tank häufig in einem Motoraufsatz über der Tragfläche. Bei dieser Anordnung ist auf eine ausreichende Steifigkeit des Motoraufsatzes zu achten und darauf, dass der Propellerkreis hoch genug über dem Rumpf ist. Zum Ausgleich für die hoch liegende Motorachse muss diese beim Zugmotor meist einige Grad nach oben, beim Druckmotor nach unten geneigt werden.

Abb. 77: Alu-Platte als Motorträger: Wenn der Seitenzug geändert werden muss, wird die Platte einfach ersetzt.

Propeller in der Flügelebene

Vor allem bei Deltas bietet sich die Integration des Propellers in die Tragfläche an. Der Motor kann an einer geeigneten Stelle im Rumpf platziert werden, der Propeller dreht in einem Schlitz in der Tragfläche. Gestartet wird der Motor mit Hilfe eines Seilzugs. Der große Vorteil dieser Lösung ist das Einstellen des Schwerpunkts. Befindet sich der Motor in der Nase, wird das Delta meist kopflastig, sitzt er im Heck, ergeben sich andere Schwierigkeiten, meist durch den hohen Anstellwinkel des Deltas beim Starten und Landen und das entsprechend hohe Fahrwerk.

Motorträger

Motorträger aus Buchenleisten zählen zu den ältesten Befestigungsmethoden für Verbrennungsmotoren in Modellflugzeugen. Hier kommt es auf die genau passenden Ausschnitte in den Rumpfspanten an, in denen die Buchenleisten verankert werden, und den richtigen Abstand zwischen den Leisten, damit der gewählte Motor auch hinein passt. Eine Änderung der Zugrichtung ist in diesem Fall nur schwer möglich.

Buchenträger können auch zur Befestigung von viel praktischeren Trägerplatten aus

Abb. 79: Kraftstofftanks gibt es in vielen Formen und Größen und mit unterschiedlichen Querschnitten.

Sperrholz, Kunststoff oder Aluminium dienen. Die Platten können ausgetauscht werden, wenn der Seitenzug korrigiert oder ein anderer Motor eingebaut werden soll. Mit geeigneten Unterlagen kann der Sturz der Platte leicht angepasst werden.

Motorträger aus Kunststoff und Metall

Im Handel erhältliche Motorträger bieten ähnliche Vorteile wie die erwähnten Trägerplatten. Es gibt sie in verschiedenen Größen, manche sind auch verstellbar und können an die Befestigungsflansche des Motors angepasst werden. Motorträger mit Schwinggummiaufhängung reduzieren Vibrationen und Geräuschpegel der Motoren. Seitenzug und Sturz sind einstellbar, manche Motorträger sehen sogar die Montage eines Bugfahrwerks vor. Motorträger aus Kunststoff sind aus Festigkeitsgründen eher für kleinere Antriebe geeignet.

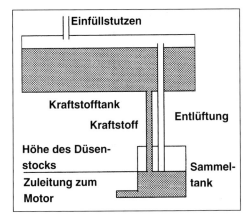

Abb. 81: Funktionsprinzip der Kraftstoffversorgung über einen Sammeltank.

Kraftstoffversorgung

Die Kraftstoffversorgung sollte möglichst nahe am Motor und – wenn keine Pumpe zum Einsatz kommt – auch in der richtigen Höhe im Verhältnis zum Motor eingebaut werden. Der Einsatz einer Pumpe erlaubt es zwar, den Tank im Schwerpunkt des Modells zu platzieren, eine Pumpe macht aber die Kraftstoffanlage schwerer, komplexer und auch teurer.

Der Tank sollte so eingebaut werden, dass Düsennadel und Kraftstoffpegel bei einem zu zwei Dritteln gefüllten Tank auf einer Höhe liegen. Der Tank muss sicher und möglichst nahe am Motor im Modell befestigt werden. Besonders bei Zweitaktern empfiehlt sich ein Druckanschluss am Tank, um die Kraftstoffversorgung des Motors sicher zu stellen.

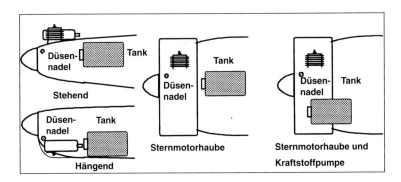

Abb. 80: Die Anordnung des Tanks ist für das Laufverhalten des Motors besonders wichtig. Eine Kraftstoffpumpe sorgt für mehr Flexibilität.

Kraftstofftanks sind in verschiedenen Formen und Größen erhältlich. Wenn eine spezielle Form des Tanks benötigt wird, sind auch Eigenanfertigungen aus Blech oder Messing möglich. Sammeltanks werden eingesetzt, wenn ein konstanter Kraftstoffstand nur schwierig zu erreichen ist. Der Haupttank kann dabei wie üblich unter Druck stehen, der Sammeltank sollte etwa ein Viertel der gesamten Kraftstoffmenge enthalten. Während dem Tank beim Looping weiterhin Kraftstoff zufließt, stellt der Motor bei längeren Rückenflugpassagen ab.

Propeller

Motorenhersteller empfehlen zwar in der Regel für ihre Motoren eine bestimmte Auswahl an Propellerdurchmessern und -steigungen. Eine Übersicht über geeignete Propeller für verschiedene Motorengrößen, wie sie Tabelle 5 zeigt, ist dennoch ganz hilfreich.

Diese Angaben machen sich für den Konstrukteur vor allem dann bezahlt, wenn es um die Höhe des Fahrwerks für einen neuen Entwurf geht oder um den Durchmesser der Motorhaube. Unabhängig von der Größe des Motors eignen sich kleine Propeller mit großer Steigung besser für schnelle Modelle mit hoher Flächenbelastung. Wie man die richtige Wahl trifft, wird in Kapitel 13 erläutert. Zweitaktmotoren eignen sich eher für kleinere Propeller und hohe Drehzahlen.

in	4	5	6	7	8	9	10	11	12	13	14	15	16
cm	10	12	15	18	20	23	25	28	30	33	36	38	40

Tabelle 6: Umrechnungstabelle für Propellerdurchmesser und Steigung.

Propeller unterscheiden sich nicht nur in Durchmesser und Steigung, sondern auch in Form, Material und der Anzahl der Blätter. Eine Auswahl zeigt Abb. 82.

Viertaktmotoren können größere Luftschrauben drehen als Zweitakter. Schwerere Luftschrauben sind von Vorteil, weil sie mit ihrer höheren Schwungmasse Ansaug- und Verdichtungstakt des Motors besser überbrücken. Vorschläge für geeignete Propeller finden Sie in Tabelle 7.

Modelldiesel haben das beste Drehmoment bei niedrigen Drehzahlen und entwickeln mit großen Propellern eine beachtliche Leistung – vor allem bei Modellen mit großen Motorhauben ein Vorteil.

Ersetzt man eine Zweiblattluftschraube durch eine Dreiblattluftschraube, könnte man erwarten, dass der Durchmesser der entsprechenden Dreiblattluftschraube um ein Drittel kleiner ist. Aufgrund des geringeren Wirkungsgrades sollte der Durchmesser der Dreiblattluftschraube aber nur um 20 bis 25% geringer ausfallen. Dreiblattluftschrauben sind wesentlich seltener als Zweiblattluftschrauben, ebenso Zweiblatt-Druckpropeller.

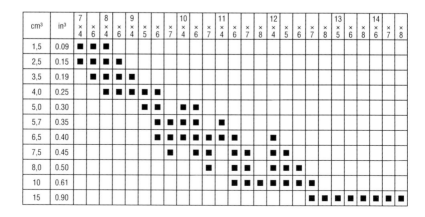

Tabelle 5: Empfohlene Propellergrößen für 2T-Glühzünder.

cm³	in³	7×4	7×6	8×4	8×6	9×4	9×5	9×6	9×7	10×4	10×6	10×7	11×4	11×6	11×7	11×8	12×4	12×5	12×6	12×7	12×8	13×5	13×6	13×7	13×8	14×6	14×7	14×8
1,5	0.09	■	■	■																								
2,5	0.15	■	■	■	■																							
3,5	0.19			■	■	■		■																				
4,0	0.25				■	■		■	■																			
5,0	0.30							■	■		■	■																
5,7	0.35							■	■	■		■																
6,5	0.40							■	■	■	■	■			■													
7,5	0.45						■		■	■		■	■		■	■												
8,0	0.50								■	■		■	■		■	■	■											
10	0.61											■	■		■	■	■		■									
15	0.90																						■	■	■	■	■	■

Tabelle 7: Propeller für Viertaktmotoren

cm³	in³	10×4	10×6	10×7	11×4	11×6	11×7	11×8	12×4	12×5	12×6	12×7	12×8	13×5	13×6	13×8	14×6	14×7	14×8	15×6	15×8	16×6	16×8
6,5	0.40	■	■	■	■	■	■		■	■													
7,5	0.45				■	■	■	■	■	■	■												
8,5	0.50								■	■	■	■	■	■	■								
10	0.60								■	■				■	■	■	■	■	■	■			
15	0.90																■	■	■	■	■		
20	1.20																			■	■	■	■

Abb. 82: Propeller aus Holz und Kunststoff werden in vielen Ausführungen angeboten.

3-Blatt		2-Blatt Druck	
8 x 6	12 x 6	7 x 4	10 x 8
9 x 7	12 x 8	8 x 6	11 x 6
10 x 7	14 x 7	9 x 6	11 x 7
10 x 8	15 x 8	10 x 6	11 x 8
11 x 7	16 x 8	10 x 7	14 x 6

Tabelle 9: In Großbritannien gab es zum Zeitpunkt der Veröffentlichung dieses Buches 3-Blatt-Propeller nur in zehn Größen und ebenso viele 2-Blatt-Propeller für Druckantrieb.

Elektroantriebe

Elektroantriebe erfreuen sich zunehmender Beliebtheit und die Vorteile dieser Antriebsart liegen auf der Hand. Elektroantriebe sind leise, frei von Vibrationen und machen kraftstofffeste Lacke und Bespannungen überflüssig. Das Leistungsgewicht von Elektroantrieben erreicht noch immer nicht das der Verbrennungsmotoren, der Abstand wird aber schnell kleiner. Wer sich mit diesem Thema näher beschäftigen will, findet im Fachbuchprogramm des vth eine große Auswahl an interessanten Büchern.

Schnellladefähige Akkus liefern die erforderliche Energie. Ihr Gewicht, das bei unsanften Landungen schnell zur Gefahr für das Modell wird, ist die große Herausforderung bei dieser Antriebsart. Einen Vorteil des Elektroantriebs schließlich sollte man nicht verschweigen: Wer zweimotorige Modelle fliegt, muss sich keine Sorgen mehr um einen Motorausfall und die anschließende schwierige Landung machen.

cm³	in³	7×4	7×6	8×4	8×6	9×4	9×5	9×6	10×4	10×5	10×6	10×7	11×4	11×6	11×7	11×8	12×4	12×5	12×6	12×7	12×8	13×5	13×6
1,5	0.09	■	■	■	■																		
2,5	0.15			■	■	■	■		■														
3,5	0.20				■	■	■	■	■	■	■		■										
4	0.25				■	■	■	■	■	■	■	■	■										
5	0.30							■	■	■	■	■	■	■			■	■					
6	0.35									■	■	■	■	■	■	■	■	■				■	■

Tabelle 8: Propeller für Modelldiesel

Kapazität mAh	Gewicht g	Gewicht oz	Größe mm	Größe in
500	19	0,7	14,6 × 50	0,6 × 2
700	22	0,8	14,6 × 50	0,6 × 2
850	25	0,9	14,6 × 50	0,6 × 2
1200	28	1	17 × 43	0,7 × 1,7
1400	52	1,8	23 × 42,2	0,9 × 1,7
1600	40	1,4	26,2 × 50	1 × 2
1700	54	2,3	25 × 45	1 × 1,8
2000	45	1,6	26,2 × 50	1 × 2
4000	55	1,9	33 × 61	1,3 × 2,4

Tabelle 10: Größe und Gewicht typischer NiCad-Zellen für Elektroflug.

Die meisten Themen, die in diesem Buch behandelt werden, gelten für Modelle mit Elektromotor ebenso wie für Modelle mit Verbrennungsmotor. Nur in einem Punkt gibt es deutliche Unterschiede zwischen den beiden Antriebsarten: im Leistungsgewicht.

Gemessen an einer bestimmten Leistungsabgabe, die über einen bestimmten Zeitraum gefordert wird, liegt das Gewicht eines Verbrennungsmotors inklusive Tank und Kraftstoff deutlich unter dem eines Elektromotors mit Akku. Beim Entwurf eines Elektromodells muss also auf ein möglichst geringes Gewicht der Zelle und eine geringe Flächenbelastung geachtet werden.

Motoren

Elektromotoren gibt es in zahlreichen Größen und Formen und mit jeder gewünschten Leistung sowie mit und ohne Getriebe. Allerdings sind die Leistungsklassen bei Elektromotoren nicht ganz so einfach zu unterscheiden. Mabuchi verwendet die Bezeichnungen 280, 380, 450, 550 und 750 zur Klassifizierung der Motoren, bei Astro gibt es .035, .05, .15, .25, .40 und .90, während bei Graupner die Bezeichnungen 400, 600 und 700 üblich sind. Für den Konstrukteur sind die folgenden Faktoren von Bedeutung:

- Größe
- Gewicht
- Leistung
- Drehzahl bei maximaler Leistung
- Spannung
- Stromverbrauch

Die ersten beiden Faktoren bestimmen die Größe des Motorträgers, der dritte betrifft Größe und Gewicht des Modells, das mit diesem Motor ausgerüstet werden kann, der vierte ist für die Wahl des Propellers von Bedeutung und die beiden letzten Faktoren sind bei der Wahl des Antriebsakkus zu bedenken.

Ob ein Getriebe verwendet wird oder nicht, hängt in erster Linie von der Geschwindigkeit des Modells ab. Mit Getriebe erzielt man einen höheren Schub bei niedrigeren

Abb. 83: Von links nach rechts: 380er mit Getriebe, 540er und 540er mit Zahnriemengetriebe.

Geschwindigkeiten, für schnelle Modelle sind sie weniger geeignet. Angesagt sind Getriebe außerdem bei Modellen mit großen Motorhauben. Weitere Hinweise zur Wahl des richtigen Propellers für Ihr Modell finden Sie in Kapitel 13.

Akkus

Als dieses Buch entstand, war der NiCad-Akku noch die am weitesten verbreitete Energiequelle, sowohl als Antriebsakku für Elektroflugmodelle als auch in Form des Empfängerakkus. Die Entwicklung neuer Zellen für immer wieder neue Einsatzmöglichkeiten schreitet jedoch schnell voran. Schon bei den NiCads ist zu beobachten, wie Gewicht und Größe der Zellen Jahr für Jahr abnehmen. Tabelle 10 gibt den Stand von 1996 wieder. Eine NiMH-Zelle hat im Vergleich zur NiCad-Zelle eine um 30 bis 50% höhere Leistung, keinen Memory-Effekt und ist weniger schädlich für die Umwelt, wenn es um die Entsorgung der Zelle geht.

Die Leistung und die Kapazität eines Antriebsakkus ist von zwei Faktoren abhängig. Die Nennspannung einer NiCad-Zelle beträgt 1,2 Volt und ein Antriebsakku besteht aus mehreren dieser Zellen. Je mehr Zellen, desto höher die Spannung des Akkus, die natürlich zu dem gewählten Antrieb passen muss. Je größer die Kapazität einer Zelle, desto höher der Strom, den sie unbeschadet abgeben kann.

Die Leistung, die an den Motor abgegeben wird, wird in Watt gemessen und ist das Produkt aus Spannung und Strom. Die Dauer des Kraftflugs hängt vom Strombedarf des Antriebs und von der Kapazität der Zellen ab. Erhöht man die Anzahl der Zellen, hat das zwei Folgen. Bei ein und demselben Motor steigt die Leistung des Antriebs, da aber gleichzeitig auch mehr Strom fließt, nimmt die Motorlaufzeit ab. Sehr häufig ist ein 7-zelliger Antriebsakku ausreichend, ein 6-zelliger Antriebsakku ist für leichtere Modelle und längere Flugzeiten geeignet, allerdings bei einer geringeren Leistungsausbeute. Eine größere Anzahl von Zellen wird für Hochleistungsmotoren und größere Modelle benötigt. Abb. 84 zeigt den Zusammenhang zwischen Zellenzahl und Fluggewicht des Modells bei vergleichbarer Leistung. Ein langsam fliegender Oldtimer benötigt natürlich weniger Zellen als ein schnelles Kunstflugmodell.

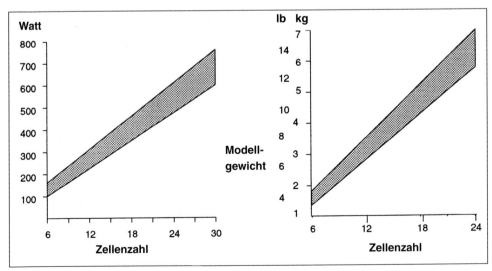

Abb. 84: Die Leistung des Elektroantriebs kann durch eine größere Anzahl von Zellen gesteigert werden. Die Zellenzahl ist wichtig für die Gewichtsbilanz des Modells.

Klappluftschrauben

Elektromodelle werden aus Gewichtsgründen sehr häufig ohne Fahrwerk geflogen. Da bietet sich die Verwendung von Klappluftschrauben geradezu an. Eine Auswahl erhältlicher Größen zeigt Tabelle 11.

Der Einbau von Elektromotoren

Da Elektromotoren praktisch keine Vibrationen erzeugen, ist auch der Einbau der Motoren kein Problem. Ein Rohr aus Pappe, Balsa oder dünnem Sperrholz, das den Motor eng umschließt, ist häufig ausreichend. Zur Befestigung bieten sich auch in großer Auswahl erhältliche Motorspanten aus GFK oder Sperrholz an, ebenso die Befestigungsflansche an Getriebemotoren. Die Kabel zum Akku und zum Regler oder Schalter müssen einen der Stromaufnahme des Motors angemessenen Querschnitt aufweisen. Da der Antriebsakku die mit Abstand schwerste Komponente im Elektroflugmodell ist, wird er am besten in der Nähe des Schwerpunktes befestigt. Durch den Einsatz eines Schalters oder Reglers mit Empfängerstromversorgung (Battery Elimination Circuit, kurz BEC) lässt sich unnötiges Gewicht sparen. Die BEC versorgt Empfänger und Servos aus dem Antriebsakku und schaltet den Antrieb bei Erreichen einer Mindestspannung automatisch ab, so dass das Modell noch sicher gelandet werden kann.

3,5-mm-Welle	5-mm-Welle	
6 × 3	6 × 6	11 × 7
6 × 6	8 × 4,5	11 × 7,5
7 × 3	8 × 6	12,5 × 6
8 × 4,5	9 × 5	12,5 × 6,5
8 × 6	9 × 7	13,5 × 7
9 × 5	10 × 6	14 × 8

Tabelle 11: Bei Klappluftschrauben sind Wellendurchmesser von 3,5 und 5 mm üblich.

„Das ist mein neues Wasserflugzeug mit dieselelektrischem Antrieb...
... die Akkus werden automatisch geladen!"

5 Der lästige Widerstand

Grundlagen
Im normalen horizontalen geradlinigen Kraftflug muss das Modell genug Auftrieb liefern, um die Masse des Modells zu kompensieren und genug Vortrieb, um den Widerstand des Modells zu überwinden (Abb. 85).

Widerstand
Ein Modell im horizontalen geradlinigen Flug erzeugt einen Widerstand, der durch den Propellerschub aufgehoben werden muss. Bei gegebener Leistung des Antriebs bestimmt der Widerstand die Geschwindigkeit des Modells. Eine Verringerung des Widerstands ist also nützlich. Hierzu wollen wir zunächst die verschiedenen Arten des Widerstands betrachten. Der Gesamtwiderstand, den ein Modell im Flug erzeugt, setzt sich aus dem schädlichen Widerstand und dem induzierten Widerstand zusammen.

Schädlicher Widerstand
Schädlicher Widerstand entsteht, wenn sich das Flugmodell durch das Medium Luft bewegt. Er setzt sich wiederum aus drei Komponenten zusammen: dem Formwiderstand, der durch den Modellquerschnitt erzeugt wird, dem Interferenzwiderstand, der an den Verbindungsstellen von Rumpf, Tragfläche und Leitwerk entsteht und dem Reibungswiderstand, der an der Oberfläche des von der Luft umströmten Körpers entsteht.

Formwiderstand
Wenn ein Körper durch die Luft bewegt wird, entsteht Widerstand. Wie groß der Widerstand ist, hängt von der Form des Körpers ab. Ein extremes Beispiel wäre eine flache Scheibe, die im Winkel von 90° zur Strömungsrichtung der Luft platziert wird. Jeder – auch der stromlinienförmigste – Körper, der sich in einem Medium bewegt, erzeugt Widerstand.

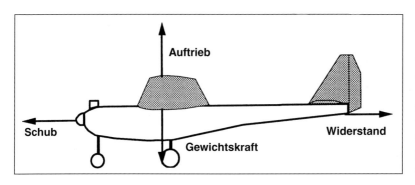

Abb. 85: Im horizontalen geradlinigen stationären Flug befinden sich alle Kräfte, die auf das Modell wirken, im Gleichgewicht.

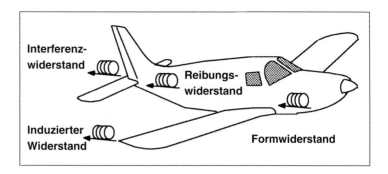

Abb. 86: Ein im Flug befindliches Modell bekommt es mit drei Arten von schädlichem Widerstand und dem induzierten Widerstand zu tun.

Interferenzwiderstand
Interferenzwiderstand entsteht, wenn verschiedene Strömungen an einem Punkt zusammenfließen. Das ist z. B. der Fall am Übergang von Rumpf und Tragfläche oder am Übergang von Rumpf und Leitwerk.

Reibungswiderstand
Reibungswiderstand entsteht an der Oberfläche eines umströmten Körpers. Wie groß der Widerstand ist, hängt von der Beschaffenheit der Oberfläche ab. Je glatter die Oberfläche eines Körpers, desto geringer der Widerstand.

Die Grenzschicht

Wenn ein Körper von Luft umströmt wird, entsteht an der Oberfläche des Körpers eine dünne Schicht verringerter Strömungsgeschwindigkeit, in der die Strömungsgeschwindigkeit der Luft von Null bis zur Fluggeschwindigkeit stetig zunimmt. Diese Schicht wird als Grenzschicht bezeichnet. Der Widerstand in der Grenzschicht hängt davon ab, ob die Grenzschicht laminar oder turbulent ist und von dem Punkt, an dem die Art der Strömung wechselt.

Die Dicke der Grenzschicht beträgt durchschnittlich zwischen 1,5 mm und 6 mm.

Laminare Grenzschicht
Eine laminare Luftströmung ist regelmäßig und gleichförmig und die einzelnen Luftschichten gleiten aneinander vorbei wie die Karten eines neuen Kartenspiels beim Mischen. Je dünner die Grenzschicht ist, desto einfacher ist es, eine laminare Strömung und damit einen geringen Widerstand zu erreichen.

Turbulente Grenzschicht
Ist die Grenzschicht verwirbelt und unregelmäßig, spricht man von einer turbulenten Luftströmung. Die turbulente Grenzschicht ist dicker und erzeugt einen größeren Widerstand.

Umschlagpunkt
Die Stelle, an der die laminare Grenzschicht in eine turbulente Grenzschicht übergeht, wird als Umschlagpunkt bezeichnet. Da eine turbulente Grenzschicht mit größerem Widerstand

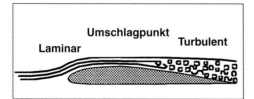

Abb. 87: Am Umschlagpunkt wird aus der laminaren Strömung eine turbulente Strömung.

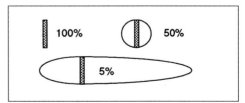

Abb. 88: Stromlinienförmige Körper können den Widerstand drastisch reduzieren.

verbunden ist, versucht man, den Bereich der laminaren Strömung an der Tragfläche so groß wie möglich zu halten. Wie groß dieser Bereich ist, hängt vom gewählten Profil, der Genauigkeit beim Bauen und der Qualität der Oberfläche ab.

Faktoren des schädlichen Widerstands

Im Modellbereich ist der Formwiderstand die vorherrschende Art des schädlichen Widerstands. Seine Größe wird von vier Faktoren beeinflusst.

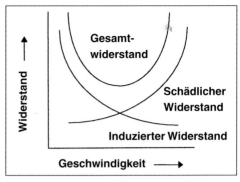

Abb. 90: Schädlicher Widerstand nimmt mit der Geschwindigkeit zu, der induzierte Widerstand nimmt dagegen ab. Die Kurve für den Gesamtwiderstand zeigt eine Geschwindigkeit für geringsten Widerstand an.

Fluggeschwindigkeit

Der schädliche Widerstand wächst sehr schnell mit zunehmender Fluggeschwindigkeit. Wenn sich die Fluggeschwindigkeit verdoppelt, vervierfacht sich der schädliche Widerstand. Verdreifacht man die Fluggeschwindigkeit, wächst der Widerstand auf das Neunfache.

Formgebung

Je sanfter die Richtung einer Luftströmung geändert wird, die ein Objekt umfließt, desto geringer ist der Widerstand, der dabei entsteht. Entsteht eine turbulente Strömung, ist der Widerstand entsprechend groß. Wie sich die stromlinienförmige Gestaltung von Objekten auf den Widerstand auswirkt, zeigt Abb. 88. Den größten Widerstand erzeugt eine flache Scheibe, ein Zylinder nur etwa die Hälfte des Widerstands, ein tropfenförmiges Objekt dagegen nur etwa 5% des ursprünglichen Wertes. Das Verhältnis von Länge zu Durchmesser eines stromlinienförmigen Körpers wird als Schlankheitsgrad bezeichnet. Für den Geschwindigkeitsbereich von Modellflugzeugen ist ein Schlankheitsgrad von etwa 4:1 ausreichend. Der Schlankheitsgrad kann durch eine Verringerung des Durchmessers oder eine Verlängerung des Körpers erhöht werden.

Interferenzwiderstand

Wenn verschiedene Strömungen z. B. am Rumpf-Tragflächenübergang eines Modells zusammenfließen, entsteht Widerstand. Dieser Widerstand kann durch die Ausbildung harmonischer Übergänge an den entsprechenden

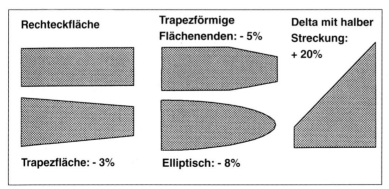

Abb. 89: Der induzierte Widerstand hängt bei gleicher Streckung von der Flächengeometrie ab. Der induzierte Widerstand am Deltaflügel ist deutlich höher als bei einem konventionellen Flügel.

Stellen verringert werden. Kritische Punkte sind die Übergänge Rumpf-Tragfläche, Rumpf-Höhenleitwerk und Rumpf-Seitenleitwerk.

Größe und Beschaffenheit der Oberfläche

Der Reibungswiderstand eines Modells hängt in erster Linie von Inhalt und Beschaffenheit der Modelloberfläche ab. Im Vergleich zum Formwiderstand eines Modells ist sein Reibungswiderstand allerdings nur von geringer Bedeutung. Und das wird wahrscheinlich auch so bleiben, es sei denn, Modelle erreichen irgendwann Fluggeschwindigkeiten, die sehr viel höher als die derzeit üblichen 320 km/h liegen.

Induzierter Widerstand

Induzierter Widerstand entsteht bei der Erzeugung von Auftrieb. Der induzierte Widerstand ist bei geringer Fluggeschwindigkeit und hohem Auftriebsbeiwert (Ca) groß und wird mit zunehmender Geschwindigkeit geringer. Bei einem Modell im horizontalen geradlinigen Flug verändert sich der induzierte Widerstand umgekehrt im Quadrat zur Fluggeschwindigkeit. Eine Verdoppelung der Fluggeschwindigkeit reduziert den induzierten Widerstand also um das Vierfache.

Faktoren des induzierten Widerstands

Neben der Fluggeschwindigkeit hat vor allem der Tragflächengrundriss Einfluss auf die Größe des induzierten Widerstands. Wenn der Flächeninhalt und alle anderen Faktoren gleich bleiben, dann sinkt der induzierte Widerstand mit zunehmender Spannweite. Mehr zu diesem Thema erfahren Sie im folgenden Kapitel. Die Form der Tragfläche und die Gestaltung des Randbogens wirken sich ebenfalls auf den induzierten Widerstand aus. Abb. 89 zeigt verschiedene Flächengrundrisse und die zu erwartende Reduzierung des induzierten Widerstands im Vergleich zur Rechteckfläche.

Ein Delta hat eine deutlich geringere Streckung als eine herkömmliche Tragfläche. Eine Deltafläche mit der halben Streckung der in Abb. 89 gezeigten Tragflächen weist einen um 20% größeren induzierten Widerstand auf.

Gesamtwiderstand

Nachdem wir die beiden wichtigsten Arten des Widerstands betrachtet haben, nämlich den schädlichen und den induzierten Widerstand, wollen wir uns ansehen, wie sich der Gesamtwiderstand eines Modells verändert und von welchen Faktoren er abhängt.

Widerstand und Geschwindigkeit

Der Gesamtwiderstand eines Modells setzt sich aus schädlichem und induziertem Widerstand zusammen. Im horizontalen geradlinigen Flug nehmen schädlicher Widerstand und induzierter Widerstand im Quadrat zur Fluggeschwindigkeit zu bzw. ab. Abb. 90 zeigt, wie sich diese beiden Widerstandsarten und ihre Summe bei unterschiedlichen Geschwindigkeiten ändern.

Geschwindigkeit für geringsten Gesamtwiderstand

Die günstigste Fluggeschwindigkeit für den geringsten Gesamtwiderstand ist nicht die geringst mögliche Fluggeschwindigkeit, sondern diejenige, bei der die Summe von schädlichem und induziertem Widerstand am kleinsten ist. Bei dieser Geschwindigkeit wird mit einer gegebenen Menge Kraftstoff die höchste Flugdauer erzielt.

Geschwindigkeit und Geschwindigkeitsbereich

Die erreichbare Höchstgeschwindigkeit steht beim Entwurf eines Rennflugzeugs klar im Vordergrund, während der Geschwindigkeitsbereich, also der Bereich zwischen Mindest- und Höchstgeschwindigkeit, bei einer Kunstflugmaschine viel wichtiger ist. Modelle können für hohe oder niedrige Geschwindigkeit ausgelegt werden, für einen weiten oder engen Geschwindigkeitsbereich. Die Höchstgeschwindigkeit eines Modells wird hauptsächlich von zwei Faktoren bestimmt: von seinem Widerstand und von der Schubkraft des Antriebs. Um möglichst viel Leistung aus einem Modell heraus zu holen, muss sein Gesamtwiderstand also möglichst klein gehalten werden.

Die Höchstgeschwindigkeit eines Modells wird also durch den Propellerschub und den Gesamtwiderstand bestimmt. Bei den Geschwindigkeiten, die unsere Flugmodelle üblicherweise erreichen, müssen wir uns nicht so viele Gedanken um den Reibungswiderstand machen. Die anderen Ursachen für Widerstand können wir minimieren, indem wir:

- die Stirnfläche des Modells reduzieren
- den Rumpfquerschnitt reduzieren
- günstige Rumpf-Flächenübergänge und Verkleidungen schaffen
- das Modell stromlinienförmig gestalten
- die Profildicke der Tragfläche verringern
- Profile mit geringem Widerstand wählen
- V-Leitwerke verwenden oder Nurflügelkonstruktionen
- Flächen mit hoher Streckung wählen

Der Schub

Wenn wir vom Schub sprechen, den ein Flugmodell benötigt, sprechen wir natürlich automatisch von der Leistung des Motors. Eine große Rolle spielen aber auch die Wahl des richtigen Propellers und ggf. der Einsatz eines Getriebes, wie all jene wissen, die sich mit

Abb. 92: Mehr Widerstand geht nicht: Die Fokker DVIII hat eine große Stirnfläche und einen großen Rumpfquerschnitt, eine dicke Tragfläche mit hohem Widerstand und geringer Streckung und ein Kreuzleitwerk.

Elektromodellen beschäftigen. Ein Impeller z. B. erzeugt, bezogen auf den Durchmesser des Rotors, bei gleicher Leistung des Motors einen wesentlich geringeren Schub als ein konventioneller Propeller.

Den Standschub eines Antriebs kann man am Boden mit Hilfe einer Federwaage messen. Der Standschub ist entscheidend für die Länge der Rollstrecke, entspricht aber nicht dem Schub des Antriebs in der Luft. Wenn alle anderen Faktoren unverändert bleiben, erzeugen Propeller mit hoher Steigung bei hohen Geschwindigkeiten mehr Schub als Propeller mit geringer Steigung. Der Schub des Antriebs kann erhöht werden durch:

- Einbau eines leistungsfähigeren Motors
- Verwendung eines leistungssteigernden Schalldämpfers
- Erhöhen des Nitromethananteils im Kraftstoff

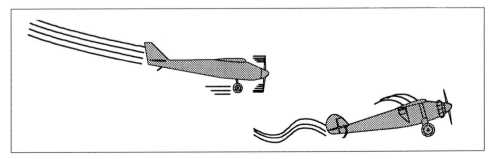

Abb. 91: Soll Ihr Modell schnell oder langsam fliegen?

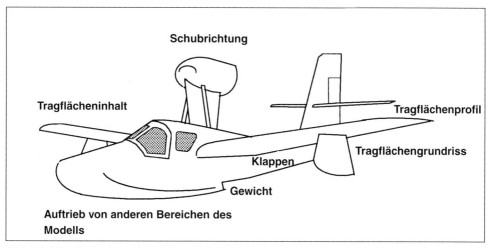

Abb. 93: Eine Reihe von Faktoren haben Einfluss auf den Auftrieb der neuen Konstruktion.

- Gezielte Auswahl des Propellers
- Verwendung eines Getriebes: erhöht den Schub, verringert die Endgeschwindigkeit

Es klingt paradox, dass mehr Schub nicht automatisch auch eine höhere Endgeschwindigkeit bedeutet. Die Fluggeschwindigkeit des Modells hängt nämlich auch von der Geschwindigkeit des Propellerstrahls ab. Das ist einer der Gründe, warum die Höchstgeschwindigkeit von Propellermaschinen auf ca. 800 km/h beschränkt ist.

Geschwindigkeitsbereich

Der Geschwindigkeitsbereich eines Modells liegt zwischen seiner Höchstgeschwindigkeit und der Geschwindigkeit, bei der im geraden horizontalen Flug die Strömung an der Tragfläche abzureißen beginnt. Diese Geschwindigkeit ist abhängig von:

- dem verwendeten Profil
- dem Flächengrundriss
- dem Flächeninhalt
- dem Gewicht des Modells
- dem Einsatz von Klappen oder Vorflügeln zur Auftriebssteigerung
- dem Auftrieb, der von anderen Teilen des Flugmodells erzeugt wird

Wir haben gezeigt, dass die Höchstgeschwindigkeit eines Modells im geradlinigen horizontalen Flug vom Schub des Antriebs und dem Gesamtwiderstand des Modells abhängt. Sind diese beiden Kräfte im Gleichgewicht, kann die Geschwindigkeit des Modells nur noch durch den Abbau von Flughöhe im Sturzflug erhöht werden. Für ein Modellflugzeug wird selten eine zulässige Höchstgeschwindigkeit angegeben, da man nicht feststellen kann, wann diese Geschwindigkeit erreicht wird. Jedenfalls ist es nicht ratsam, moderne Funflyer mit Höchstgeschwindigkeit zu fliegen, da sie durch Ruderflattern schnell zerstört werden können.

6 Jede Menge Auftrieb

Wie Auftrieb entsteht

Aufgabe des Flügels ist es, den benötigten Auftrieb zu erzeugen. Hierzu werden Profile verwendet, die den Luftstrom nach unten ablenken. Das kann im einfachsten Fall dadurch geschehen, dass eine ebene Platte in einem geeigneten Winkel im Luftstrom ausgerichtet wird, um die Richtung des Luftstroms zu ändern. Einen wesentlich besseren Wirkungsgrad erzielt man aber durch die Verwendung einer gewölbten Oberfläche in Form eines der vielen bekannten Flügelprofile.

Der Winkel, in dem die Luftströmung auf die Tragfläche trifft, wird als Anstellwinkel bezeichnet, der Einstellwinkel einer Tragfläche dagegen ist der Winkel der Tragfläche relativ zur Bezugslinie des Rumpfes (Abb. 96).

Tragflächenprofile

Die Leistung eines Profils hängt in erster Linie von der Profilform ab. Abb. 94 zeigt den Verlauf der Skelettlinie bei drei Profilen, die genau die Mitte zwischen Profilober- und -unterseite markiert. Je stärker die Skelettlinie gewölbt ist, desto mehr Auftrieb kann ein Profil erzeugen.

Tragflächenprofile lassen sich grob in drei Klassen einteilen:
- Hochauftriebsprofile
- Allroundprofile
- Hochgeschwindigkeitsprofile

Typische Beispiele zeigt Abb. 95.

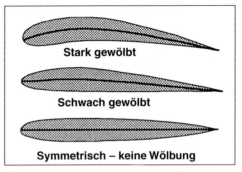

Abb. 94: Wie viel Auftrieb ein Profil erzeugt, hängt in erster Line von der Profilwölbung ab.

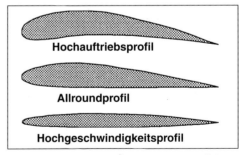

Abb. 95: Unterschiedliche Einsatzbereiche des Modells verlangen unterschiedliche Profiltypen.

Hochauftriebsprofile

Hochauftriebsprofile sind üblicherweise gekennzeichnet durch eine große Profildicke, eine starke Wölbung und einen großen Nasenradius. Das Dickenmaximum liegt dabei meist bei 25 bis 30% der Profiltiefe.

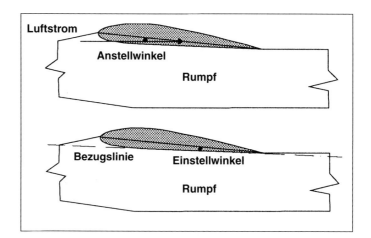

Abb. 96: Anstellwinkel und Einstellwinkel sind nicht dasselbe.

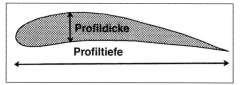

Abb. 97: Die Profildicke wird in Prozent der Profiltiefe angegeben.

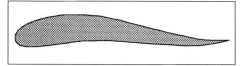

Abb. 98: Typisches Hochauftriebsprofil mit S-Schlag für Nurflügel.

Je größer die Wölbung des Profils, desto größer ist bei unterschiedlichen Anstellwinkeln auch die Wanderung des Druckpunkts, des Punktes, an dem die Luftkraft angreift. Der Wanderung des Druckpunkts kann man durch einen S-Schlag an der Profilhinterkante entgegenwirken. Diese Methode, die häufig bei den Profilen für Brettnurflügel angewendet wird, geht allerdings auf Kosten des Auftriebs. Hochauftriebsprofile sind ideale Profile für Trainermodelle und ähnliche Modelle, bei denen Auftrieb wichtiger ist als bloße Geschwindigkeit.

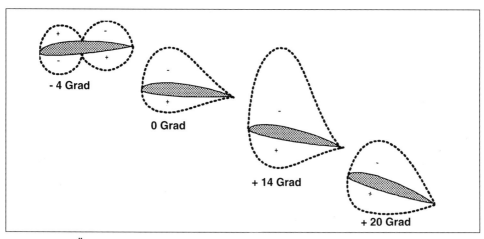

Abb. 99: Eine Änderung des Anstellwinkels beeinflusst die Druckverteilung am angeströmten Profil.

Allroundprofile

Das durchschnittliche Allroundprofil hat eine geringere Profildicke, eine geringere Wölbung und einen kleineren Nasenradius als ein Hochauftriebsprofil. Die größte Profildicke liegt auch hier üblicherweise bei 25 bis 30% der Profiltiefe. Die geringere Profildicke sorgt für einen geringeren Widerstand, allerdings auch für weniger Auftrieb als beim Hochauftriebsprofil. Allroundprofile sind für Kunstflugmaschinen gut geeignet, bei denen Geschwindigkeit und Wendigkeit eine Rolle spielen.

Hochgeschwindigkeitsprofile

Hochgeschwindigkeitsprofile zeichnen sich in der Regel durch eine geringe Profildicke, fehlende Wölbung und einen sehr kleinen Nasenradius aus. Das Dickenmaximum liegt bei etwa 50% der Profiltiefe und die meisten dieser Profile besitzen eine Dicke von weniger als 10%, um einen möglichst geringen Widerstand zu erzielen. Dünne Profile erzeugen weniger Auftrieb, sind aber ideal für hohe Geschwindigkeiten.

Der Druckpunkt

Abb. 99 zeigt die typische Druckverteilung am angeströmten Tragflügel bei unterschiedlichen Anstellwinkeln. Der Flügel in unserem Beispiel erzeugt bei einem Anstellwinkel von -4° keinen Auftrieb. Bei positiven Anstellwinkeln nimmt der Druck in der ersten Hälfte der Flügeloberseite ab und gleicht sich erst am Profilende wieder an den herrschenden Umgebungsdruck an. Der Druckanstieg auf der Flügelunterseite ist geringer als der Druckabfall auf der Oberseite. Ein deutlicher Druckunterschied herrscht vor allem in der ersten Hälfte der Profiltiefe. Das Resultat der unterschiedlichen Druckverhältnisse an Flügelober- und -unterseite ist die Auftriebskraft. Größe und Richtung der Auftriebskraft sind veränderlich, ebenso der Punkt, an dem sie am Flügel angreift. Dieser Punkt wird als Druckpunkt bezeichnet und verändert sich mit dem Anstellwinkel des Flügels.

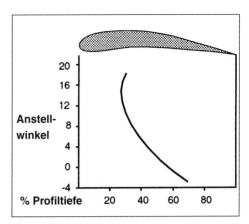

Abb. 100: Der Druckpunkt verschiebt sich mit dem Anstellwinkel des Flügels. Der Modellschwerpunkt muss sich vor der vordersten Druckpunktlage befinden.

Druckpunktwanderung

Die vom Profil erzeugte Auftriebskraft greift am Druckpunkt an. Abb. 100 zeigt, wie sich der Druckpunkt mit dem Anstellwinkel eines typischen gewölbten Profils verschiebt. Im Beispiel handelt es sich um ein Profil mit großer Druckpunktwanderung, symmetrische Profile dagegen haben, ebenso wie S-Schlag-Profile, die vor allem bei Nurflügeln eingesetzt werden, eine geringe Druckpunktwanderung im nutzbaren Anstellwinkelbereich.

Die Größe des Auftriebs

Vergleicht man unterschiedliche Profile bei gleichem Anstellwinkel und gleicher Strömungsgeschwindigkeit miteinander, stellt man fest, dass sie abhängig vom Profilquerschnitt auch unterschiedlichen Auftrieb liefern. Allgemein kann man sagen, dass ein Profil umso mehr Auftrieb erzeugt, je größer die Profilwölbung ist. Der Auftrieb wird auch durch die Formgebung der Profilnase beeinflusst, ebenso der Widerstand und das Abreißverhalten eines Profils. An einem Flügel mit spitzer Profilnase reißt die Strömung leichter ab als an einem Flügel mit gerundeter Nase.

Hilfsmittel wie Wölbklappen dienen zur Auftriebserhöhung vor allem bei niedrigen

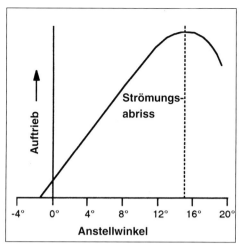

Abb. 101: Der von der Tragfläche erzeugte Auftrieb steigt kontinuierlich bis zu dem Punkt an, an dem die Strömung abreißt und bricht dann abrupt ein. Die Daten stammen von einem Profil mit einem Nullauftriebswinkel von -1,5°.

Geschwindigkeiten. Allgemein gilt, dass die Fluggeschwindigkeit im Quadrat in die Größe des Auftriebs eingeht.

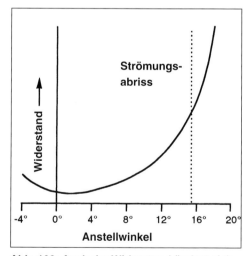

Abb. 102: Auch der Widerstand ändert sich mit dem Anstellwinkel. Dieses Profil erzeugt am wenigsten Widerstand bei einem Anstellwinkel von 2°. Danach nimmt der Widerstand schnell zu.

Auftrieb und Anstellwinkel

Wie sich der Auftrieb eines Profils bei unterschiedlichen Anstellwinkeln verändern kann, zeigt Abb. 101. Bei einem Anstellwinkel von 0° erzeugen gewölbte Profile noch immer Auftrieb, symmetrische Profile dagegen nicht. Bei Anstellwinkeln zwischen 0° und 12° verläuft die Linie in der Grafik gerade und zeigt einen kontinuierlichen Anstieg des Auftriebs an. Bei Anstellwinkeln über 12° nimmt der Auftrieb zwar noch immer zu, aber nicht mehr in demselben Maß wie zuvor. Bei etwa 15° wird das Auftriebsmaximum erreicht, bei größeren Anstellwinkeln nimmt der erzeugte Auftrieb wieder ab. Bei welchem Winkel der maximale Auftrieb erzeugt wird, hängt vom Profilquerschnitt ab.

Strömungsabriss

Der Scheitelpunkt der Kurve in Abb. 101 zeigt den Punkt, an dem das Profil maximalen Auftrieb erzeugt. Wird der Anstellwinkel weiter erhöht, nimmt der erzeugte Auftrieb ab. Die Strömung liegt bis zu einem gewissen Anstellwinkel an der Tragfläche an, dann reißt sie ab.

Widerstand und Anstellwinkel

Wie sich der Widerstand eines Flügels bei unterschiedlichen Anstellwinkeln verändern kann, zeigt Abb. 102. Der Widerstand gewölbter Profile ist bei geringen positiven Anstellwinkeln am geringsten und nimmt mit kleineren und größeren Anstellwinkeln zu. Die Widerstandszunahme ist bei Anstellwinkeln von über 12° besonders deutlich und verstärkt sich noch nach dem Abreißen der Strömung. Diese plötzliche Zunahme des Widerstands wird durch das Auftreten turbulenter Strömung am Tragflügel verursacht.

Auftrieb und Widerstand bei unterschiedlichen Anstellwinkeln

Ein Tragflügel soll den benötigten Auftrieb bei gleichzeitig möglichst geringem Widerstand erzeugen. Der größte Auftrieb wird üblicher-

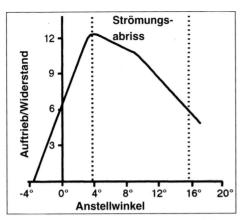

Abb. 103: Das Verhältnis zwischen Auftrieb und Widerstand variiert mit dem Anstellwinkel und hat Einfluss auf den Gleitwinkel.

weise bei Anstellwinkeln um 15° erzeugt, der geringste Widerstand dagegen bei Anstellwinkeln von etwa 1°. Bei beiden Winkeln ist das Verhältnis von Auftrieb zu Widerstand gering. Wie das Verhältnis von Auftrieb zu Widerstand bei unterschiedlichen Anstellwinkeln berechnet wird, zeigt das Beispiel in Abb. 103. Hier wird deutlich, dass das Verhältnis von Auftrieb zu Widerstand bis zu einem Anstellwinkel von etwa 4° schnell größer wird, bis der Auftrieb das 10 oder 20fache des Widerstands beträgt. Der tatsächliche Wert ist vom jeweiligen Profil abhängig. Bei größeren Anstellwinkeln nimmt das Verhältnis kontinuierlich ab. Zwar nimmt der Auftrieb nach wie vor zu, aber der Widerstand wächst umso schneller. Das Verhältnis von Auftrieb zu Widerstand beträgt etwa 4, wenn die Strömung abreißt. Es ist nützlich, wenn der Anstellwinkel bekannt ist, bei dem das Verhältnis von Auftrieb zu Widerstand am größten ist, denn das ist der Winkel, bei dem das Profil seine größte Leistung hat.

Rund um Profile

Dieser Abschnitt soll Ihnen dabei helfen, das richtige Profil für Ihr Flugmodell zu finden. Verschiedene Profile mit ihren Vor- und Nachteilen im Modellflug werden wir genauer betrachten.

Tragflächenprofile

Seit sich die Gebrüder Wright mit ihrem Flugzeug in die Luft erhoben, wurden Tausende von Profilen entwickelt und erprobt. Die meisten von ihnen wurden für einen bestimmten Einsatzbereich im manntragenden Flugzeugbau entwickelt. Einige wurden speziell für Modellflugzeuge entwickelt und es gibt eine Reihe von Profilen, die sowohl für manntragende Flugzeuge als auch für Modelle verwendet werden können. Eine Reihe von Eigenschaften beeinflussen die Leistung eines Profils.

- Symmetrisch
  Gleicher, aber geringer Auftrieb in Normal- und Rückenflug
- Halbsymmetrisch
  Kompromiss zwischen hohem Auftrieb und guten Rückenflugeigenschaften
- Gewölbt
  Je mehr Wölbung, desto mehr Auftrieb. Schlechte Rückenflugeigenschaften.
- Konkav (Hohlprofile)
  Hoher Auftrieb, plötzlicher Strömungsabriss. Unterseite schwierig zu bespannen.
- Große Flächentiefe
  Hoher Auftrieb bei geringer Geschwindigkeit, hoher Widerstand bei hoher Geschwindigkeit.
- Geringe Flächentiefe
  Geringer Widerstand bei hoher Geschwindigkeit, geringer Auftrieb bei geringer Geschwindigkeit.
- Großes Auftriebs-Widerstands-Verhältnis
  Guter Gleitwinkel, geringe Antriebsenergie erforderlich.
- Geringe Druckpunktwanderung
  Kleine Momente um die Querachse bei unterschiedlichen Anstellwinkeln. Ideal für Nurflügel.

Elf Profile wurden ausgewählt und in drei Gruppen eingeteilt, um die gängigsten Ansprüche abzudecken. Die Vor- und Nachtei-

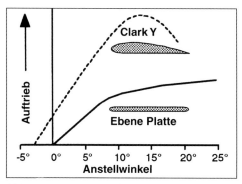

Abb. 104: Wie viel Auftrieb ein Profil erzeugt, hängt von seinem Anstellwinkel zum Luftstrom ab. Hier wird die ebene Platte mit dem populären Clark Y verglichen.

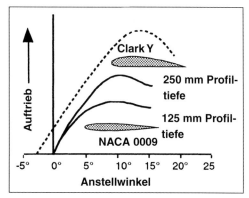

Abb. 105: Das NACA 0009 erzeugt nicht viel Auftrieb, eignet sich aber hervorragend als Leitwerksprofil.

le der einzelnen Profile werden untersucht, um die Eignung für ein bestimmtes Modell zu begründen. Die Leistungen der einzelnen Profile werden mit der des bekannten Clark Y verglichen. Wenn nicht anderweitig angegeben, basiert der Leistungsvergleich auf einer Profiltiefe von 250 mm.

In Kapitel 12 wird erläutert, wie man Profile anhand der Daten aus einer Koordinatentabelle zeichnet. Verschiedene Publikationen und Profileprogramme liefern detaillierte Informationen für den Modellbauer und helfen bei der Wahl des richtigen Profils für Ihr Modell.

Symmetrische Profile

Bei den symmetrischen Profilen wurden die ebene Platte, das NACA 0009, das häufig für Leitwerke und Deltaflächen verwendet wird, und das Kunstflugprofil NACA 0018 ausgewählt. Symmetrische Profile werden vor allem für Kunstflugmodelle gewählt, weil sie im Normal- und Rückenflug die gleiche Leistung zeigen.

Die ebene Platte

Ein ideales Leitwerksprofil für Modelle aller Größen und trotz seiner Einfachheit eine gute Wahl, da das Leitwerk selten große Kräfte erzeugen muss. Als Tragflächenprofil einge-

setzt, erfordert es eine hohe Fluggeschwindigkeit oder geringe Flächenbelastung des Modells. Der größte Vorteil der ebenen Platte besteht darin, dass ein Strömungsabriss praktisch nicht möglich ist.

Betrachten wir Abb. 104. Anstellwinkel und Auftrieb sind in der X- bzw. Y-Achse der Grafik dargestellt. Die gestrichelte Linie zeigt die Werte des Clark Y, die durchgezogene Linie die Werte für die ebene Platte. Zwei Unterschiede fallen sofort auf. Die ebene Platte erzeugt nur etwa halb so viel Auftrieb wie das Clark Y. Während beim Clark Y die Strömung bei einem Anstellwinkel von etwa 15° abreißt, nimmt der Auftrieb bei der ebenen Platte bis zu einem Winkel von 8° stark, danach weniger stark zu. Das bedeutet, dass die Strömung bei der ebenen Platte praktisch nicht abreißt.

Mit dem Anstellwinkel nimmt allerdings auch der Widerstand der ebenen Platte erheblich zu. Bei Anstellwinkeln von über 10° ist der Widerstand deutlich höher als beim Clark Y. In der Praxis bedeutet das, dass die Strömung zwar nicht abreißt, dass der Pilot aber mit zunehmendem Anstellwinkel immer mehr Leistung investieren muss, bis das Modell schließlich beginnt, durchzusacken.

Dieses Verhalten der ebenen Platte ist deutlich sicherer und vorhersagbarer als ein Strömungsabriss. So können mit diesem Profil

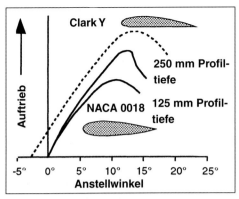

Abb. 106: Das NACA 0018 bringt im Normal- und im Rückenflug die gleiche Leistung.

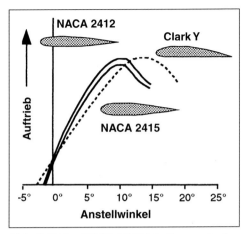

Abb. 107: Das NACA 2412 ist dünner als das NACA 2415, liefert aber mehr Auftrieb.

bei entsprechender Antriebsleistung vorbildgetreue Landeanflüge mit hohen Anstellwinkeln geflogen werden. Der Anstellwinkel und damit Widerstand und Fluggeschwindigkeit werden vom Höhenruder bestimmt, während die Motorleistung die Sinkrate bestimmt.

NACA 0009
Mit einer Dicke von nur 9% ist das NACA 0009 ein dünnes Profil, das bevorzugt für Leitwerke gewählt wird. Es findet auch Verwendung bei Deltatragflächen, wo die geringe Profildicke durch eine entsprechende Profiltiefe wieder wett gemacht wird. Das Abreißverhalten ist harmlos und eignet sich besonders, wenn ein neutrales Flugverhalten im Normal- und Rückenflug wichtiger ist als die Erzeugung von Auftrieb. Die Leistung des Profils nimmt mit der Flächentiefe zu.

NACA 0018
Das NACA 0018 ist ein symmetrisches Profil mit einer Dicke von 18% und wird gerne in Kunstflugmodellen eingesetzt. Es erzeugt etwas weniger Auftrieb als das Clark Y, verhält sich aber dafür im Normal- und Rückenflug gleich. Der Strömungsabriss erfolgt sehr plötzlich und führt zum Trudeln des Modells. Wie alle symmetrischen Profile, so erzeugt auch das NACA 0018 bei einem Anstellwinkel von 0° keinen Auftrieb.

Der Widerstand des NACA 0018 liegt nur geringfügig über dem des Clark Y, obwohl es fast eineinhalbmal so dick ist. Die Profildicke ermöglicht Tragflächen mit außerordentlicher Festigkeit und viel Platz für Querruderservos. Das NACA 0018 ist besser für größere Modelle geeignet, wie aus der Kurve für geringere Profiltiefe in Abb. 106 zu ersehen ist.

Halbsymmetrische Profile
Diese Art von gewölbten Profilen stellt einen Kompromiss zwischen symmetrischen Profilen und Hochauftriebsprofilen dar. Halbsymmetrische Profile verleihen dem Modell die gewünschte Kunstflugtauglichkeit, ohne auf den erforderlichen Auftrieb verzichten zu müssen. Zwei NACA-Profile und ein Eppler-Profil bieten eine ausgezeichnete Kombination von Auftrieb, Widerstand und Festigkeit.

NACA 2412 und 2415
Das NACA 2412 und das NACA 2415 besitzen eine Dicke von 12% bzw. 15% und eine geringe Wölbung. Sie liefern etwa soviel Auftrieb wie das Clark Y und etwas mehr als das symmetrische NACA 0018, besitzen aber ein gutmütigeres Abreißverhalten als dieses. Der Auftrieb im Rückenflug ist etwa 30% geringer als im Normalflug.

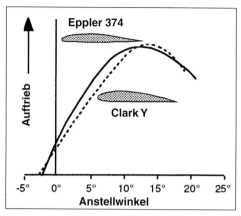

Abb. 108: Im Rückenflug ist die Leistung des Eppler 374 deutlich besser als die des Clark Y und es hat weniger Widerstand.

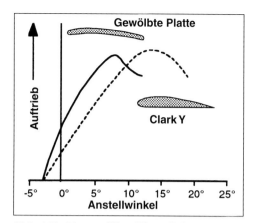

Abb. 109: Die gewölbte Platte liefert überraschend viel Auftrieb.

Die Grafik zeigt, dass das dünnere NACA 2412 mehr Auftrieb erzeugt als das NACA 2415, und natürlich weniger Widerstand. In dieser Profilfamilie findet sich sogar ein 19% dickes Profil, das noch weniger Auftrieb erzeugt. Bei der Wahl der Profildicke kommt es hier eher darauf an, welche Festigkeit die Tragfläche haben soll.

Eppler 374

Das halbsymmetrische Eppler 374 mit einer Dicke von 10% weist eine größere Rücklage der größten Profildicke auf. Der Profilwiderstand ist sehr gering, der Auftrieb entspricht etwa dem des Clark Y. Es eignet sich vor allem für schnelle Modelle und besitzt ein gutmütiges Abreißverhalten. Beim Bau von Modelltragflächen muss auf die nötige Festigkeit geachtet werden.

Andere gewölbte Profile

Die folgenden fünf Profile sind gewölbte Profile. Das erste ist die gewölbte Platte, die eine erstaunliche Leistung zeigt. Zwei Profile besitzen eine gerade Unterseite, eines davon ist das Clark Y. Die beiden letzten sind ein Hohlprofil und ein S-Schlag-Profil, das für Nurflügel besonders geeignet ist.

Gewölbte Platte

Die gewölbte Platte mag auf den ersten Blick zu einfach scheinen für ein RC-Modell. Abb. 109 belehrt uns eines Besseren: Die gewölbte Platte ist eines von wenigen Profilen, die gute Leistungen schon bei sehr kleinen Modellen versprechen. Eine Vergrößerung verändert die Leistung des Profils kaum. Die gewölbte Platte arbeitet in einem relativ engen Anstellwinkelbereich und der Strömungsabriss erfolgt abrupt bei etwa 8°. Der Einsatz bei größeren Modellen stößt auf konstruktive Schwierigkeiten. Das Profil erzeugt einen geringen Widerstand und reichlich Auftrieb, was einen guten Gleitflug ergibt. Das Gö 417a stellt eine optimierte Form der gewölbten Platte dar. Das beste Verhältnis aus Auftrieb und Widerstand ergibt sich bei Anstellwinkeln um 4°.

Clark Y

Das Clark Y ist unter Modellfliegern das wohl bekannteste und am weitesten verbreitete Tragflächenprofil. Es ist knapp über 11,5% dick und seine flache Unterseite vereinfacht den Bau der Tragfläche erheblich. Änderungen der Flächentiefe wirken sich kaum auf die Leistung des Profils aus, weshalb es für fast alle Größen von Modellflugzeugen geeignet ist. Die Grafik zeigt eine gleichmäßig stei-

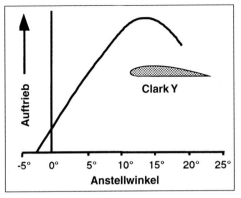

Abb. 110: Das Clark Y bietet viel Auftrieb und ein harmloses Abreißverhalten. Die Leistung im Rückenflug ist allerdings gering.

gende Auftriebskurve bis zum Maximum, die anschließende sanfte Krümmung verspricht ein harmloses Abreißverhalten.

Das Clark Y erzeugt erst bei einem Anstellwinkel von -3° keinen Auftrieb mehr. Bei Winkeln über -3° erzeugt das Profil positiven Auftrieb, bei Winkeln unter -3° erzeugt es negativen Auftrieb. Im Rückenflug ist die Leistung des Profils schlecht, weshalb es für Kunstflugmodelle und den Einsatz als Leitwerksprofil nicht geeignet ist.

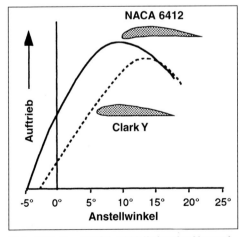

Abb. 112: Das NACA 6412 liefert im Normalflug mehr Auftrieb als das Clark Y.

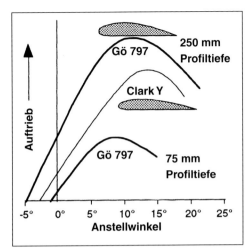

Abb. 111: Das Gö 797 liefert mehr Auftrieb als das Clark Y, hat aber noch schlechtere Rückenflugeigenschaften.

Gö 797

Das Gö 797 mit 16% Dicke und gerader Unterseite liefert zwar mehr Auftrieb als das Clark Y, hat aber noch schlechtere Rückenflugeigenschaften. Der Nullauftriebswinkel liegt bei -5°. Es ist nur für größere Modelle geeignet, die trotz hohen Gewichts recht langsam geflogen werden können. Im Vergleich mit anderen Profilen, die ebensoviel Auftrieb liefern, hat das Gö 797 wenig Widerstand. Die Dicke des Profils sorgt für eine hohe Festigkeit der Tragflächen.

NACA 6412

Das 12% dicke Profil hat eine leicht konkave Unterseite, liefert jede Menge Auftrieb und besitzt ein gutmütiges Abreißverhalten. Hinzu kommt ein relativ geringer Profilwiderstand. Seine beste Leistung zeigt das Profil bei Anstellwinkeln um 4°. Für Rückenflug ist das NACA 6412 ungeeignet, da es in dieser Fluglage nur wenig Auftrieb, dafür aber enormen Widerstand erzeugt. Die konkave Unterseite macht das Bespannen der Tragfläche etwas schwieriger.

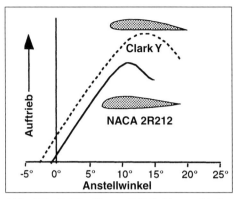

Abb. 113: Bei Profilen mit S-Schlag geht die Druckpunktfestigkeit zu Lasten des Auftriebs.

NACA 2R212

Die meisten S-Schlag-Profile sind besonders für schwanzlose Modelle geeignet. Der Druckpunkt des Profils wandert bei einer Änderung des Anstellwinkels nicht. Das Profil hat eine Dicke von 12%, erzeugt etwas weniger Auftrieb als das Clark Y, hat aber ein ungünstigeres Abreißverhalten. Der Profilwiderstand ist jedoch gering und andere Schwächen werden durch die Druckpunktfestigkeit des Profils mehr als ausgeglichen.

Das eigene Profil

Natürlich müssen Sie sich nicht mit einem der beschrieben Profile zufrieden geben. Sie können aus einer großen Anzahl unterschiedlicher Profile wählen oder sogar Ihr eigenes Profil entwickeln. Viele Flugzeuge verwenden einen Profilstrak, also ein Profil an der Flächenwurzel, das in ein anderes Profil am Flächenende übergeht. Die folgenden Anregungen sollen Ihnen beim Entwurf Ihres eigenen Profils helfen.

- Die Leistung symmetrischer Profile ist im Normal- und im Rückenflug die gleiche.
- Wölbung bedeutet mehr Auftrieb im Normalflug, aber weniger im Rückenflug. Der Strömungsabriss im Rückenflug kann sehr plötzlich geschehen.

Abb. 115: Brettnurflügel sind ein typischer Fall für S-Schlagprofile.

Abb. 116: Das Tragflächenprofil eines manntragenden Leichtflugzeugs bei einer Flugzeugausstellung.

- Profile, bei denen das Dickenmaximum vorne liegt (15 - 33%), liefern in der Regel guten Auftrieb. Leider sind die Abreißeigenschaften meist ungünstig.
- Profile, bei denen das Dickenmaximum hinten liegt (33 - 50%), liefern in der Regel weniger Auftrieb. Sie erzeugen aber meist auch einen geringen Widerstand, vor allem dann, wenn das Maximum nahe 50% liegt.
- Dünne Profile können ausgezeichnete Leistung bringen. Mit einer Dicke von 10% lässt sich genug Auftrieb für die meisten Arten von Modellen erzeugen.
- Spitze Profilnasen sorgen für mehr Auftrieb und geringeren Widerstand und können die Langsamflugeigenschaften bei dünnen Profilen verbessern. Allerdings verschlechtert sich oft das Abreißverhalten.

Die Tragflächengeometrie

Wenn fest steht, welches Profil Sie verwenden wollen, ist der nächste Schritt die Wahl des Tragflächengrundrisses. Der Tragflächen-

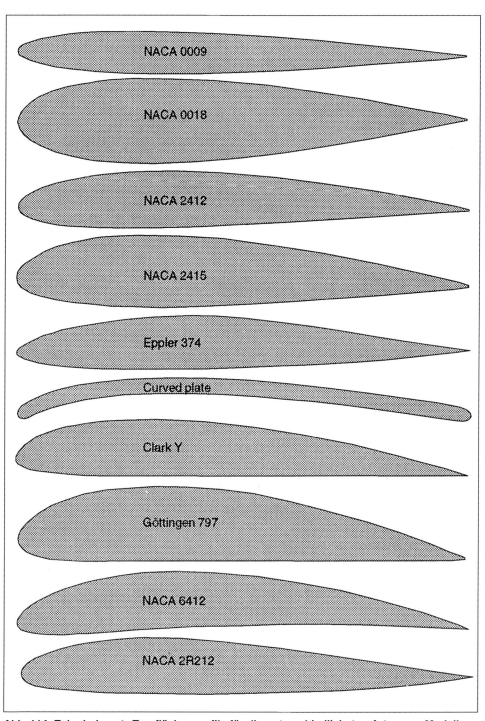

Abb. 114: Zehn bekannte Tragflächenprofile für die unterschiedlichsten Arten von Modellen. Die Profile können mit Hilfe eines Kopierers vergrößert oder verkleinert werden.

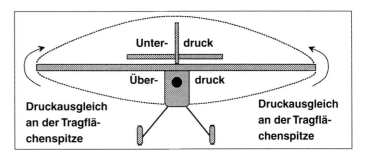

Abb. 117: Der Unterdruck auf der Oberseite der Tragfläche ist für ca. zwei Drittel des Auftriebs verantwortlich.

grundriss hat einen entscheidenden Einfluss auf Auftrieb und Widerstand, die von einer bestimmten Flügelfläche erzeugt werden und auf das Abreißverhalten der Tragfläche.

Randwirbel

Die Druckverteilung an einer Tragfläche gestaltet sich im Wesentlichen wie in Abb. 117 dargestellt. Die Druckdifferenz zwischen Flächenober- und -unterseite führt dazu, dass Luft um die Flächenspitzen herum aus dem Bereich hohen Drucks auf der Flächenunterseite in den Bereich niedrigen Drucks auf der Oberseite strömt.

Da der Flügel im Flug von vorne angeströmt wird, entstehen an den Flächenspitzen Wirbelschleppen, und je größer diese Wirbel sind, desto größer ist auch der induzierte Widerstand, den sie verursachen.

Randwirbel sind am größten bei hohen Anstellwinkeln und verschwinden, wenn die Tragfläche keinen Auftrieb erzeugt. Im Rückenflug ist die Drehrichtung der Randwirbel umgekehrt. Wie wir im vorherigen Kapitel bereits gesehen haben, verhält sich der durch Randwirbel erzeugte induzierte Widerstand umgekehrt zum Quadrat der Geschwindigkeit.

Winglets sind bei Verkehrsflugzeugen mittlerweile üblich. Sie reduzieren den induzierten Widerstand, indem sie die Größe der Randwirbel verringern. Sie sind meist in einem Winkel von ca. 20° nach außen geneigt und besitzen bei manntragenden Flugzeugen zusätzlich eine Pfeilung von 30° für hohe Fluggeschwindigkeiten. Mit einfachen Endscheiben kann man eine ganz ähnliche Wirkung erzielen.

Abb. 119: Die Winglets am Dragon Delta sind ein Versuch, den induzierten Widerstand zu reduzieren, der bei niedrigen Geschwindigkeiten am Deltaflügel entsteht.

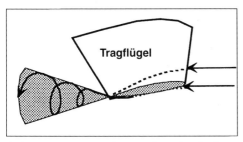

Abb. 118: Randwirbel entstehen durch die Umströmung der Flächenspitzen.

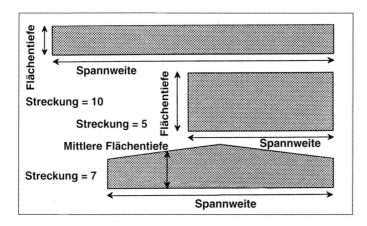

Abb. 120: Drei Tragflächen mit gleichem Flächeninhalt aber unterschiedlicher Streckung.

Streckung

Das Verhältnis von Spannweite zur mittleren Flächentiefe ist ein Anhaltspunkt für die Leistung einer Tragfläche. Die Streckung wird errechnet, indem man die Spannweite durch die mittlere Flächentiefe oder das Quadrat der Spannweite durch den Flächeninhalt teilt. Je länger und schmaler ein Flügel ist, desto größer ist seine Streckung und damit auch die Leistung.

Ein Flügel mit 1.500 mm Spanweite und einer mittleren Flächentiefe von 150 mm hat eine Streckung von 10. Eine Fläche mit einem Flächeninhalt von 288 dm² und 1.200 mm Spannweite hat eine Streckung von 5. Die Streckung der Tragfläche hat großen Einfluss auf die Rollwendigkeit eines Modells. Während beim manntragenden Flugzeugbau Flächen mit hoher Streckung zur Verbesserung der Leistung im Hinblick auf die Wirtschaftlichkeit eines Flugzeugs dienen, ist das bei Modellflugzeugen weniger wichtig. Ausnahmen sind Segelflugzeuge und Hangsegler, bei denen höhere Leistung bessere Segelflugeigenschaften bedeutet. Bei unserem Sportmodell dagegen ist die Wahl der Streckung eine Frage der Wendigkeit, der Ästhetik und des persönlichen Geschmacks.

Doppeldecker haben in der Regel eine geringere Streckung als Eindecker. In Verbindung mit Flächenstreben ergibt sich eine hohe Festigkeit der Tragflächen.

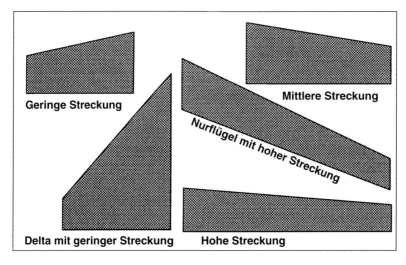

Abb. 121: Ein wichtiger Aspekt bei hoch gestreckten Tragflächen ist die Festigkeit.

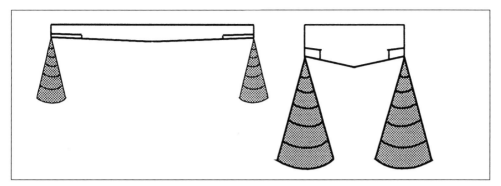

Abb. 122: Einfluss der Streckung auf die Bildung von Randwirbeln.

Streckung und induzierter Widerstand

Randwirbel an den Flächenspitzen sind, wie oben bereits erläutert, die Ursache für induzierten Widerstand. Die Größe der Wirbel und des resultierenden induzierten Widerstands ist umgekehrt proportional zur Streckung der Tragfläche. Verdoppelt man die Streckung der Fläche, wird der induzierte Widerstand halbiert. Abb. 122 zeigt zwei Tragflächen mit gleichem Flächeninhalt, aber unterschiedlicher Streckung. Die Randwirbel an der Tragfläche mit hoher Streckung sind kleiner, weil an den schmalen Flächenenden weniger Luft von der Flächenunterseite zur Flächenoberseite wandert.

Flächen mit hoher Streckung sind daher leistungsfähiger und haben ein besseres Verhältnis von Auftrieb zu Widerstand. Da der Gesamtwiderstand einer Tragfläche aus der Summe von schädlichem und induziertem Widerstand besteht, verändert sich auch der Gesamtwiderstand mit der Streckung. Wie sich der Gesamtwiderstand zweier Tragflächen unterschiedlicher Streckung in Abhängigkeit vom Anstellwinkel ändert, zeigt Abb. 123.

Streckung, Auftrieb und Abreißverhalten

Ändert man bei gleichem Flächeninhalt die Streckung einer Tragfläche, ändert sich auch der Winkel, unter dem die Tragfläche angeströmt werden muss, um den erforderlichen Auftrieb zu liefern. Veränderungen im Abwindfeld hinter der Tragfläche, das durch die Randwirbel erzeugt wird, führen dazu, dass der Anstellwinkel einer Tragfläche bis zum Abreißen der Strömung umso größer sein kann, je kleiner ihre Streckung ist. Reißt zum Beispiel die Strömung an einer Tragfläche mit einer Streckung von 20 bei einem Anstellwinkel von 12°, so reißt die Strömung bei gleichem Profil und Streckung 8 erst bei einem Anstellwinkel von 16°. Bei einer sehr geringen Streckung von 2 reißt die Strömung erst bei einem Anstellwinkel von etwa 25° ab. Aus Abb. 124 wird außerdem deutlich, dass der maximale Auftrieb, den ein Flügel erzeugen kann, mit seiner Streckung abnimmt.

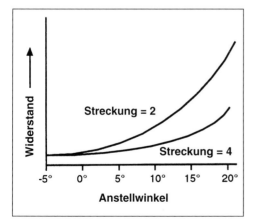

Abb. 123: Der induzierte Widerstand nimmt bei Flächen geringer Streckung und hohen Anstellwinkeln dramatisch zu.

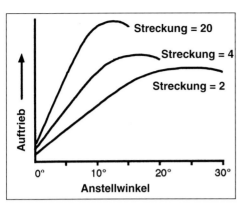

Abb. 124: Mit zunehmender Streckung nimmt der Auftrieb zu. Allerdings reißt die Strömung an der Tragfläche schneller ab.

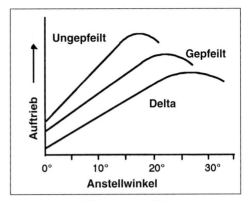

Abb. 125: Der Einfluss der Flächengeometrie auf den Auftrieb bei Flächen mit gleicher Streckung.

Der Einsatz hoher Streckungen

Flügel mit hoher Streckung finden sich meist bei langsam fliegenden Modellen, wie z. B. Segelflugmodellen, die mit Anstellwinkeln um 4° fliegen, um ein günstiges Verhältnis von Auftrieb zu Widerstand zu erreichen. Der Gesamtwiderstand ist bei diesem Anstellwinkel gering, der Anteil des induzierten Widerstand kann bei Flächen mit geringer Streckung aber relativ hoch sein. Segelflugmodelle haben meist Tragflächen mit einer Streckung von 10. Diese Angabe ist vergleichbar mit der Aussage, dass der typische Trainer eine Streckung von etwa 5 hat.

Die Schwierigkeit bei Tragflächen mit hoher Streckung besteht darin, die erforderliche Festigkeit möglichst ohne zusätzliches Gewicht zu erreichen, denn das würde die Vorteile der hohen Streckung wieder zunichte machen. Generell kann man sagen: Je langsamer das Modell fliegt, desto sinnvoller ist ein Flügel mit hoher Streckung.

Pfeilung

Im manntragenden Flugzeugbau findet man gepfeilte Flächen oder Deltaflächen vor allem bei schnellen Flugzeugen. Durch die Pfeilung wird der Widerstand der Flächen im Überschallflug reduziert – für den Modellflieger also eher kein Argument. Die Vorteile des geringen Widerstands bei hohen Geschwindigkeiten werden mit Leistungseinbußen im unteren Geschwindigkeitsbereich erkauft. Das wird bei Modelltragflächen mit einer Pfeilung von mehr als 20° deutlich, denn unsere Modelle fliegen praktisch alle im unteren Geschwindigkeitsbereich. So haben unsere Modelle mit den Nachteilen zu kämpfen, während die Vorteile außer Reichweite liegen. Aber: Gepfeilte Flügel sind ästhetisch und die Schwierigkeiten lassen sich leicht überwinden, wenn sie einmal erkannt sind.

Der Einfluss der Pfeilung auf Auftrieb und Widerstand

Der maximale Auftrieb gepfeilter Tragflächen ist wesentlich geringer als der ungepfeilter Tragflächen bei gleichem Flächeninhalt und gleicher Streckung. Abb. 125 zeigt die Auftriebskurven von drei Tragflächen mit gleichem Flächeninhalt, gleichem Profil und gleicher Streckung. Es handelt sich dabei um eine Rechteckfläche, eine gepfeilte Fläche und eine Deltafläche. Der Strömungsabriss erfolgt bei der gepfeilten Fläche und beim Delta relativ spät im Vergleich zur Rechteckfläche, der erzeugte Auftrieb ist aber wesentlich geringer.

Der Scheitel der Auftriebskurve ist beim Delta sehr flach und zeigt nur geringe Unterschiede über einen weiten Anstellwinkelbe-

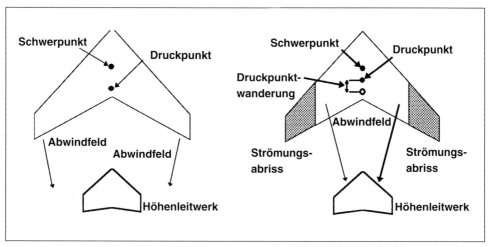

Abb. 126: Die Folgen eines Strömungsabrisses an gepfeilten Tragflächen.

reich. Das gutmütige Abreißverhalten beim Delta erlaubt das Fliegen mit Anstellwinkeln, die deutlich über dem Winkel für maximalen Auftrieb liegen. Einziger Nachteil dabei ist der in diesem Bereich stark zunehmende Widerstand des Flügels.

Strömungsabriss an der Flächenspitze (Tip-Stall), Querruderwirksamkeit und Längsstabilität

Gepfeilte Tragflächen haben Nachteile bei geringen Fluggeschwindigkeiten. Die Strömung an den Flächenspitzen reißt leichter ab und die Wirksamkeit der Querruder bei hohen Anstellwinkeln ist geringer. Trotz großer Ausschläge reagiert das Modell bei niedriger Geschwindigkeit eher träge auf die Querruder. Innen liegende Querruder, Streifenquerruder oder drehbar gelagerte Flächenspitzen können hier helfen. Hinzu kommt, dass der hohe Anstellwinkel eines Deltas im Landeanflug ein entsprechend hohes Fahrwerk erforderlich macht.

Schwierigkeiten mit der Längsstabilität treten auf, wenn an den Enden gepfeilter Tragflächen die Strömung abreißt. Das Modell nickt auf, was die Situation noch verschlimmert, da der Anstellwinkel der Tragfläche weiter zunimmt. Die Ursache hierfür ist der Auftriebsverlust in den äußeren Flächenbereichen und in diesem Zusammenhang eine plötzliche Verschiebung des Druckpunktes nach vorne (Abb. 126). Die Abbildung zeigt auch, dass das Abwindfeld einer gepfeilten Tragfläche, an der die Strömung anliegt, hauptsächlich von den Flächenspitzen kommt. Wenn die Strömung an den Spitzen abreißt, wandert das Abwindfeld nach innen in den Bereich des Höhenleitwerks und verstärkt die Nicktendenz des Modells. Das lässt sich vermeiden, wenn das Höhenleitwerk vertikal entsprechend angeordnet wird.

Abb. 127: Die Querruder dieser Follant Gnat sind in Neutralstellung leicht nach oben gestellt, um ein Abreißen der Strömung an den Flächenspitzen zu verhindern.

Abb. 128: Die Sägezähne an der Nasenleiste sind bei diesem Modell deutlich zu sehen.

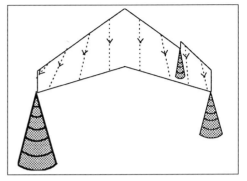

Abb. 129: Randwirbel und Strömungsverlauf am gepfeilten Flügel mit und ohne Sägezahn.

Strömungsabriss an der Flächenspitze vermeiden

Die drei gängigsten Methoden sind innenliegende Ruderklappen, verwundene Flächenenden und Sägezähne an der Nasenleiste. Die Position der Klappen sorgt dafür, dass die Strömung in der Flächenmitte schon bei geringeren Anstellwinkeln abreißt, so kommt es erst gar nicht zum Strömungsabriss an den Flächenspitzen. Die Verwindung hat eine ähnliche Wirkung.

Sägezähne an der Nasenleiste helfen, die schlimmsten Folgen eines Strömungsabrisses abzuwenden. Wie Abb. 129 zeigt, wird durch den Sägezahn die Größe des Randwirbels verringert. Ein zweiter, kleinerer Wirbel, der am Sägezahn ansetzt, betrifft nur einen kleinen Bereich der Flächenspitze. Ein Strömungsabriss hat damit weniger drastische Folgen und das Modell nickt nicht so stark auf. Sägezähne haben einen weiteren Vorteil: Kommt es tatsächlich zum Strömungsabriss am Flächenende, wandert der Druckpunkt nicht so weit nach vorne, was ebenfalls die Nicktendenz des Modells verringert.

Eine Tragfläche kann rück- oder vorgepfeilt sein, gepfeilt sein kann die Nasenleiste, die Endleiste oder beide. Welche Gefahren mit

„Du meinst das wirklich ernst mit den Sägezähnen, was?"

zu großer Pfeilung verbunden sein können, haben wir bereits erörtert. Einige mögliche Konfigurationen zeigt Abb. 130. Ein großes Problem vorgepfeilter Tragflächen muss auf jeden Fall erwähnt werden.

Wenn die Spitze eines vorgepfeilten Flügels angehoben wird, z. B. wenn die Tragfläche bei einer Flugfigur entsprechend belastet ist, wird die Nasenleiste mehr angehoben als die Endleiste. Dadurch erzeugt die Flächenspitze mehr Auftrieb, wird weiter angehoben, verdreht etc. bis die Fläche schließlich bricht. Aus diesem Grund werden vorgepfeilte Flächen im manntragenden Flugzeugbau nur sehr selten eingesetzt und müssen bei Modellen wie bei manntragenden Flugzeugen über die nötige Verdrehfestigkeit verfügen, um den auftretenden Belastungen Stand zu halten. Aerodynamisch gesehen hat ein vorgepfeilter Flügel nicht die Nachteile des Rückgepfeilten Flügels.

Vor- und Nachteile verschiedener Tragflächenformen

Mit der Rechteckfläche sind Sie immer auf der sicheren Seite, egal, für welches Profil Sie sich entscheiden. Das weniger verbreitete Delta bietet ebenfalls viel Sicherheit, vor allem, weil die starke Pfeilung für ein hohes Maß an Stabilität sorgt.

Trapezflächen, elliptische Flächen, gepfeilte Flächen und Flächen mit hoher Streckung sind in Bezug auf ihr Abreißverhalten nicht ganz unproblematisch. Im folgenden werden die wesentlichen Vor- und Nachteile der einzelnen Flächenformen aufgeführt.

Rechteckfläche
- Gleichmäßiger Auftrieb bis fast zur Flächenspitze.
- Strömungsabriss an der Flächenspitze unwahrscheinlich.
- Identische Rippen vereinfachen den Bau. Optisch nicht sehr attraktiv.

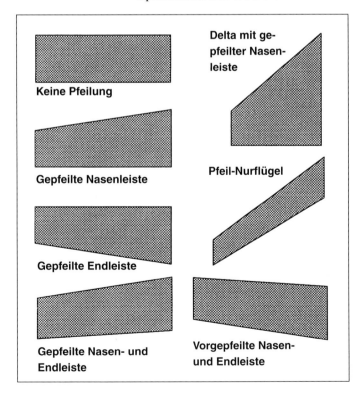

Abb. 130: Positive und negative Pfeilung an Nasenleiste, Endleiste oder Nasen- und Endleiste.

Elliptische Fläche
- Gute Leistung im schnellen Flug bei niedrigen Anstellwinkeln.
- Heftiger Strömungsabriss an den Flächenspitzen möglich.
- Harmonische Flächenform.
- Schwierig zu bauen.

Rückgepfeilte Rechteckfläche (bis 20° Pfeilung)
- Gleichmäßiger Auftrieb bis fast zur Flächenspitze.
- Strömungsabriss an der Flächenspitze unwahrscheinlich.
- Gegen Böen unempfindlicher als ungepfeilte Rechteckfläche.
- Gute Stabilität um die Gierachse, wenig oder keine V-Form erforderlich.
- Schwieriger zu bauen als Rechteckfläche.

Trapezfläche
- Heftiger Strömungsabriss an den Flächenspitzen bei geringer Profiltiefe möglich.
- Gute Auftriebs- und Festigkeitsverteilung.
- Attraktives Aussehen.
- Schwierig zu bauen, wenn keine Styroporfläche.

Stark gepfeilte Trapezfläche
- Wenig Leistung im Verhältnis zum Flächeninhalt.
- Hohe mechanische Stabilität erforderlich.
- Strömungsabriss an den Flächenspitzen möglich; Nicktendenz.
- Querruderwirksamkeit bei hohen Anstellwinkeln reduziert.
- Attraktives Aussehen.
- Gute Festigkeit, aber schwierig zu bauen.

Fläche mit hoher Streckung
- Sehr leistungsfähige Fläche, außer an kleinen Modellen.
- Strömungsabriss ist an der kurveninneren Flügelspitze sehr wahrscheinlich, vor allem beim engen Kurven mit geringer Geschwindigkeit.
- Dünnere Profile am Flächenende oder geschränkte Flächenenden verringern die Gefahr eines Strömungsabrisses.
- Geringe Querstabilität, V-Form erforderlich.
- Hohe Festigkeit im Flächenmittelstück erforderlich.
- Attraktives Aussehen.

Delta
- Relativ wenig Auftrieb bezogen auf den Flächeninhalt.
- Strömungsabriss an den Flächenspitzen trotz geringer Flächentiefe unwahrscheinlich.
- Gutmütiges Überziehverhalten, geht nach Strömungsabriss in Sackflug über.
- Gute Langsamflugeigenschaften bei sehr großen Anstellwinkeln.
- Attraktives Aussehen.
- Hohe Festigkeit, aber nicht einfach zu bauen.

Position der Tragfläche

Die Tragfläche kann in unterschiedlichen Positionen am Modell angeordnet sein. Eindecker können Parasol-Hochdecker, Hochdecker, Schulterdecker, Mitteldecker oder Tiefdecker sein.

Je höher die Tragflächenposition, desto ausgeprägter die Pendelwirkung des Rumpfes und der Versuch des Modells, die Fläche in waagerechter Position zu halten. Beim Trainer ist das ein Vorteil, beim Kunstflugmodell unerwünscht. Die vertikale Anordnung der Tragfläche im Verhältnis zum Höhenleitwerk hat zudem Einfluss darauf, wie die Strömung auf das Leitwerk trifft und wie sie sich im Fall eines Strömungsabrisses verhält.

Beim Hoch-, Schulter- oder Tiefdecker sitzt die Tragfläche direkt am Rumpf und bietet einen praktischen Zugang zur RC-

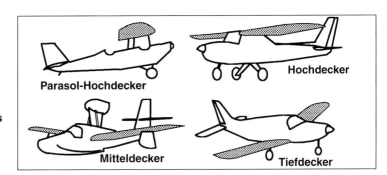

Abb. 131: Bezeichnung des Flugzeugs nach Anordnung der Tragfläche am Rumpf.

Ausrüstung, beim Parasol-Hochdecker sitzt die Tragfläche meist auf Streben. Schwierig wird es beim Mitteldecker. Bei kleinen Modellen kann die einteilige Tragfläche fest in den Rumpf eingebaut werden. Bei größeren Modellen werden die Tragflächenhälften entweder am Rumpf angesteckt oder der Rumpf besitzt einen Ausschnitt, in den die Tragfläche eingeschoben werden kann.

Beim Doppeldecker kann die obere Tragfläche entweder in Schulter- oder in Hochdeckeranordnung montiert werden, die untere Tragfläche sitzt in der Regel am Rumpf wie beim Tiefdecker auch.

Beim Doppeldecker kann man sich außerdem über den Abstand zwischen den Tragflächen und deren Staffelung Gedanken machen. Der vertikale Abstand zwischen den Flächen beeinflusst deren Leistungsfähigkeit und sollte mindestens eine Flächentiefe betragen. Die Staffelung wirkt sich mehr auf die Längsstabilität des Modells und das Erscheinungsbild des Modells aus. Werden die Tragflächen gestaffelt angeordnet, ist es wichtig, dass die Strömung notfalls zuerst an der vorderen Tragfläche abreißt, damit sich die Nase des Modells senkt. Deshalb sollte die vordere Tragfläche stets um ein Grad mehr angestellt sein als die hintere.

Positive und negative V-Form

Die V-Form der Tragfläche stabilisiert das Modell um die Längsachse und unterstützt die Steuerung des Modells nur über Seitenruder. In den Augen vieler Konstrukteure steigert die V-Form auch die Attraktivität des Modells. Je nach Einteilung der Tragfläche unterscheidet man zwischen Einfach- und Mehrfach-V-Form.

Beim vierteiligen Flügel können Innen- und Außenflächen unterschiedliche V-Form aufweisen. Die V-Form kann entweder alle Flächenteile betreffen oder nur die Außenflächen. Beides ist vor allem bei Oldtimer-Modellen häufig zu finden.

Negative V-Form wird häufig eingesetzt, um die Stabilität einer gepfeilten Tragfläche zu verringern. Dabei ist 1° negativer V-Form mit ca. 10° Pfeilung gleichzusetzen.

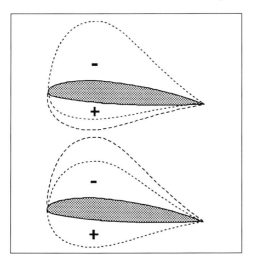

Abb. 132: Interferenz zwischen den Tragflächen eines Doppeldeckers verringert den erzeugten Auftrieb.

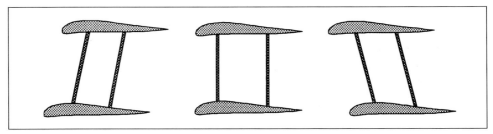

Abb. 133: Die Tragflächen eines Doppeldeckers können übereinander liegen oder nach vorne oder hinten gestaffelt sein.

Flächenbelastung

Die Flächebelastung ist einer der wichtigsten Parameter, wenn es um die Leistung eines Modells geht. Sie hat entscheidenden Einfluss auf das Abreißverhalten, die Rollstrecke und die Wendigkeit des Modells.

Je größer ein Modell ist, desto besser verträgt es eine höhere Flächenbelastung. Das gilt bis zu einem gewissen Grad auch für die Geschwindigkeit von Modellen. Abb. 135 zeigt geeignete Flächenbelastungen für Modelle unterschiedlicher Spannweite. Beachten Sie, dass Modelle mit Elektroantrieb aufgrund des relativ hohen Gewichts des Antriebsakkus eher eine höhere Flächenbelastung aufweisen.

Möglichkeiten zur Auftriebserhöhung

Flugmodellbauer waren schon immer auf der Suche nach Möglichkeiten, den maximalen Auftrieb eines Flügels im Langsamflug zu steigern, besonders diejenigen, denen es letztlich um hohe Endgeschwindigkeiten ging.

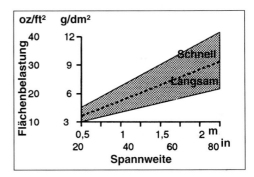

Abb. 135: Je größer eine Tragfläche ist, desto größer kann ihre Flächenbelastung sein. Ein schnelles Modell verträgt eine hohe Flächenbelastung besser als ein langsames.

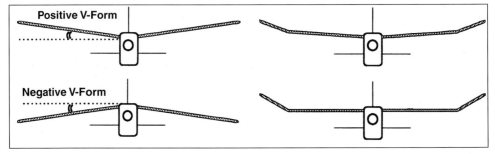

Abb. 134: Tragflächen mit positiver V-Form lassen ein Flugzeug „natürlicher" aussehen. Das Modell rechts oben hat eine Tragfläche mit doppelter V-Form, das Modell rechts unten hat abgewinkelte Ohren.

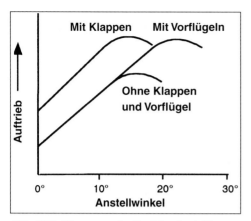

Abb. 136: Klappen oder Vorflügel erhöhen den Auftrieb einer Tragfläche deutlich.

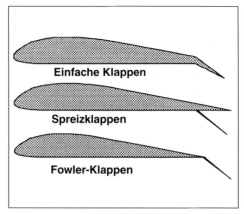

Abb. 137: Klappen an der Profilhinterkante

Es gibt eine Reihe von Hilfsmitteln, die den Auftrieb verbessern, die aber auch oft den Widerstand eines Flügels erhöhen. Einfache Klappen, Spalt- oder Fowler-Klappen (die gleichzeitig den Flächeninhalt vergrößern) können ebenso eingesetzt werden wie starre oder bewegliche Vorflügel.

Klappen

Klappen erhöhen den Auftrieb einer Tragfläche und ihren Widerstand. Der höhere Auftrieb ermöglicht es dem Modell, langsamer zu fliegen, was vor allem bei Start und Landung eine Rolle spielt.

Klappen werden auch eingesetzt, um Widerstand zu erzeugen und das Modell abzubremsen. Auf diese Weise können Anflüge mit höherer Motordrehzahl erfolgen, wodurch das Ansprechverhalten des Motors und die Anströmung des Leitwerks verbessert werden. Das gibt zusätzliche Sicherheit im Langsamflug.

Eine größere Wölbung der Tragfläche zur Auftriebserzeugung kann durch Absenken der Profilvorder- oder -hinterkante oder durch beides erreicht werden. Wenn Modelle mit Klappen ausgerüstet sind, befinden sich diese fast immer an der Profilhinterkante. Abb. 136 zeigt, wie sich der Einsatz von Klappen und – zum Vergleich – Vorflügeln auf Auftrieb und Strömungsabriss auswirkt.

Klappentypen

Klappen an der Flächenhinterkante gibt es in verschiedenen Ausführungen, alle erhöhen den Auftrieb des Flügels. Je besser die Wirkung einer Klappe, desto aufwendiger ist in der Regel auch die mechanische Umsetzung, so dass sich komplexere Klappentypen fast nur bei Scale-Modellen finden.

Tabelle 12 gibt an, bei welchen Anstellwinkeln die unterschiedlichen Klappensysteme den höchsten Auftrieb liefern. Daraus wird auch deutlich, dass Klappen den erwünschten

Auftrieb durch	Abriss bei	Auftriebszuwachs	Auftrieb durch	Abriss bei	Auftriebszuwachs
Nur Profil	17°	-	Fowler-Klappe	17°	90%
Einf. Klappe	14°	50%	Vorflügel	25°	25%
Spreizklappe	15°	70%	Vorflügel/Klappe	20°	75%

Tabelle 12: Die Wirkung von Klappen und Vorflügeln auf Strömungsabriss und Auftrieb.

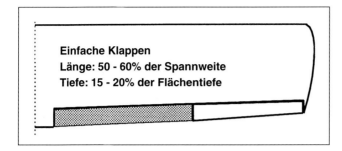

Abb. 138: Einfache Klappen sind meist am Innenflügel angeordnet, können aber auch über die gesamte Spannweite reichen oder mit Querrudern kombiniert werden.

Auftrieb bei geringeren Anstellwinkeln liefern als Vorflügel. Was im Zusammenhang mit Klappen oft vergessen wird, ist die Tatsache, dass Klappen den Winkel reduzieren, bei dem die Strömung an der Fläche abreißt. Das bedeutet aber auch, dass Klappen am Innenflügel die Gefahr eines Strömungsabrisses an den Flächenspitzen herabsetzen.

Einfache Klappen

Sie werden genauso wie Querruder befestigt, aber meist am Innenflügel. Der Flächeninhalt einer Klappe sollte ca. 10 bis 12% des Tragflächeninhalts betragen. Der Auftriebsgewinn kann bis zu 50% gegenüber einer Tragfläche ohne Klappen betragen. Beim Anschließen der Klappen muss man darauf achten, dass sie gleichsinnig und nicht gegensinnig wie die Querruder ausschlagen.

Spreizklappen

Spreizklappen wirken besser als einfache Klappen, bedeuten aber auch einen größeren Bauaufwand. Als Teil der Flächenhinterkante müssen sie sehr dünn und gleichzeitig besonders steif sein. Die Befestigung der Klappen

Abb. 139: Spreizklappen erzeugen viel Auftrieb bei geringem Ausschlag.

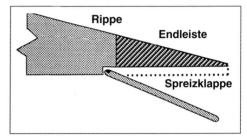

Abb. 140: Der Einbau von Spreizklappen in der Endleiste ist aufwändig.

muss sorgfältig geplant werden, denn es bleibt nicht viel Material an der Flächenhinterkante, nachdem Platz für die Klappen geschaffen wurde.

Spreizklappen sollten etwa dieselbe Größe wie herkömmliche Klappen haben. Unter konstruktiven Gesichtspunkten wäre es sinnvoller, eine größere Klappentiefe zu wählen, da so die Befestigungspunkte weiter in der Fläche liegen.

Fowler-Klappen

Fowler-Klappen wirken auf zwei Arten: Sie liefern einen Auftriebszuwachs, indem sie die Profilwölbung verstärken und sie vergrößern den Flächeninhalt des Flügels und reduzieren dadurch die Flächenbelastung und die Geschwindigkeit, bei der ein Strömungsabriss erfolgt. Der Mechanismus zum Ausfahren der Klappen ist jedoch kompliziert. Deshalb findet man Fowler-Klappen hauptsächlich bei Scale-Modellen.

Beim Ausfahren der Klappen verringert sich immer das Verhältnis von Auftrieb zu Widerstand. Der beste Wert wird erreicht,

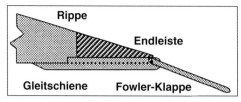

Abb. 141: Die Fowler-Klappe wird nach hinten aus dem Flügel ausgefahren und vergrößert den Tragflächeninhalt.

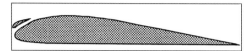

Abb. 142: Vorflügel sind kleine gewölbte Profile an der Vorderkante der Tragfläche, die für mehr Auftrieb bei hohen Anstellwinkeln sorgen.

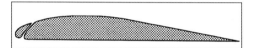

Abb. 143: Schlitze sind meist Bestandteil der Tragfläche und dienen ebenfalls zur Erhöhung des Auftriebs.

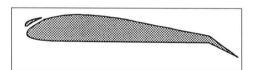

Abb. 144: Die Kombination von Vorflügeln und Klappen bietet Vorteile gegenüber dem alleinigen Einsatz von Vorflügeln.

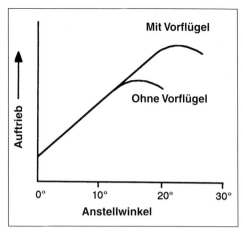

Abb. 145: Vorflügel erhöhen nicht nur den Auftrieb, sondern erlauben auch das Fliegen mit höheren Anstellwinkeln.

wenn die Klappen in einem Winkel zwischen 5° und 30° ausgefahren werden. Der genaue Winkel ist abhängig vom Flügelprofil und von Art und Größe der Klappen. Die Klappen dienen zur Verkürzung der Rollstrecke und zur Verbesserung der Flugeigenschaften nach dem Start.

Die Wirkung von Klappen verteilt sich über einen Winkel von 90° etwa folgendermaßen: Bis 30° steigt der Auftrieb kontinuierlich, der erzeugte Widerstand nur unwesentlich an. Im Verlauf der nächsten 30° nimmt der Auftrieb nur noch leicht zu, dafür wächst der Widerstand umso schneller. Während der letzten 30° nimmt der Widerstand besonders schnell, der Auftrieb dagegen nur unwesentlich zu. Der sinnvolle Anwendungsbereich der Klappen liegt also in einem Bereich von etwa 60°.

Vorflügel und Schlitze

Vorflügel sind kleine gewölbte Profile, die über die gesamte Spannweite oder nur im Außenbereich an der Vorderkante einer Tragfläche montiert sind. Sie formen einen Spalt, dessen Eintrittsöffnung etwa den doppelten Querschnitt der Austrittsöffnung aufweist. Der Widerstand kleiner Vorflügel ist gering, so dass sie starr angebaut werden können.

Mit Vorflügeln kann ein Auftriebszuwachs von bis zu 70% und eine Vergrößerung des möglichen Anstellwinkels der Tragfläche um etwa 10° erreicht werden. Vorflügel an den Außenflächen vergrößern nicht nur den Auftrieb, sondern beugen auch einem Strömungsabriss an den Flächenspitzen vor. Abb. 145 vergleicht die Leistung gleich großer Tragflächen mit und ohne Vorflügel.

Ebenso wie Klappen verbessern Vorflügel die Langsamflugeigenschaften. Wie wirksam sie sind, hängt von der Profiltiefe der Vorflügel ab und davon, wie groß der Anteil der Flügelvorderkante ist, der mit Vorflügeln ausgestattet ist.

Wenn nur die Flächenenden mit Vorflügeln ausgestattet sind, ist der Auftriebszuwachs geringer, sie verhindern aber dennoch wirkungsvoll einen Strömungsabriss an den Flächenenden. Will man die Wirksamkeit von Vorflügeln bei Start und Landung maximal nutzen, stößt man auf ein anderes Problem: Die Fahrwerksbeine müssen ziemlich lang sein, um einen hohen Anstellwinkel der Tragfläche zu ermöglichen. Deshalb werden Vorflügel meist in Kombination mit Klappen eingesetzt. So kann der maximale Anstellwinkel der Tragflächen auf einen sinnvollen Wert von 17° bis 20° reduziert werden.

Abb. 143 zeigt eine Variante des Vorflügels, bei der unmittelbar hinter der Flächenvorderkante speziell geformte Schlitze in die Fläche eingebaut werden. Ihre Wirkung und Form ist vergleichbar mit der von Vorflügeln, ebenso das Größenverhältnis von Eintritts- und Austrittsöffnungen.

7 Die Flugeigenschaften

Wendigkeit

Wendigkeit ist die Fähigkeit eines Modells, die Flugrichtung um die Längs-, Quer- und Hochachse zu ändern. Stabilität ist der Feind der Wendigkeit, für uns Modellpiloten dennoch nicht ganz unwichtig, da wir unsere Modelle ja aus der Ferne steuern müssen. Eine Kunstflugmaschine muss eine höhere Wendigkeit und damit eine geringere Flugstabilität besitzen als z. B. eine mehrmotorige Transportmaschine. Das gilt genauso im manntragenden Flugzeugbau. Vergleichen Sie nur einmal einen Tornado mit einem Airbus. Um ein Flugzeug zu steuern, muss dessen Trägheit überwunden werden. Isaac Newtons Gesetze besagen, dass – bei sonst gleichen Parametern – ein Flugzeug umso wendiger ist, je kleiner es ist.

Natürlich spielen hier noch eine Reihe anderer Faktoren eine Rolle. Einer davon ist die Fluggeschwindigkeit. Ein Flugzeug, das mit einer Geschwindigkeit knapp oberhalb des Strömungsabrisses fliegt, besitzt praktisch keine Wendigkeit. Allein der Versuch, zu kurven oder zu steigen, kann zum Strömungsabriss führen. Ein Flugzeug, das mit hoher Geschwindigkeit fliegt, hat einen entsprechend großen Kurvenradius. Je größer der Inhalt einer Tragfläche und je leistungsfähiger ein Profil ist, desto mehr Auftrieb und desto weniger Widerstand erzeugt es; beide Faktoren unterstützen die Wendigkeit des Flugzeugs.

Ganz wesentlichen Einfluss auf die Wendigkeit hat auch das Abfluggewicht eines Modells. Je leichter Sie bauen, desto wendiger ist Ihr Modell. Das Gewicht eines Modells kann sich auch im Laufe des Fluges verändern, z. B. durch den Verbrauch von Kraftstoff oder das Mitführen einer Nutzlast, wie z. B. eines Fallschirmspringers. In diesen Fällen

Abb. 146: Meine Viggen ist aufgrund der ungewöhnlichen Konfiguration mit Kopfflügel sehr wendig. (Foto: Ron Dawes)

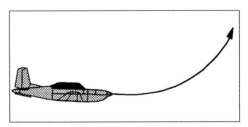

Abb. 147: Wenn das Modell steigen soll, ist ein Steuerbefehl des Piloten nötig, eine erhöhte Motorleistung, um die Geschwindigkeit aufrecht zu erhalten und ein Flügel, der den nötigen Auftrieb liefert.

nimmt die Wendigkeit des Modells mit dem Verbrauch des Kraftstoffes oder dem Abwurf der Nutzlast zu.

Die Wendigkeit eines Modells um die drei Achsen hängt von zwei Faktoren ab. Das ist einmal die Flugstabilität des Modells, die wiederum von der Schwerpunktlage, der V-Form der Tragfläche, dem Inhalt der Leitwerksflächen und dem Leitwerkshebelarm abhängt. Zum anderen spielen die Größe, Anordnung und Wirksamkeit der Steuerflächen eine Rolle, die Flächenbelastung des Modells und das Verhältnis zwischen Antriebsleistung und Widerstand.

Wir wissen bereits, dass die Geschwindigkeit eines Modells im Horizontalflug von Motorleistung und Widerstand abhängt, sofern keine Störklappen o. ä. verwendet werden. Die maximale Steigrate (unabhängig von Thermikeinflüssen) ergibt sich ebenfalls aus der Differenz von Motorleistung und Widerstand.

Und schließlich gilt es noch die Belastbarkeit der Zelle zu berücksichtigen. Pylonrenner fliegen ihre Modelle an der Grenze der Belastbarkeit, und es soll auch schon mal vorgekommen sein, dass die Tragflächen eines Modells zusammenklappten, wenn es etwas unsanft aus einem Sturzflug abgefangen wurde. Festigkeitsberechnungen werden im Rahmen dieses Buches nicht durchgeführt. Erfahrung beim Bauen und Fliegen von Modellen sind hier die besten Ratgeber, einige Hinweise zu diesem Thema finden Sie aber in den Kapitel 8 und 9. Besonders bei großen und schnellen Modellen sollten solide Berechnungen die Grundlage für die Auslegung der tragenden Elemente und den entsprechenden Sicherheitsspielraum darstellen.

Kunstflugeigenschaften

Kunstflug beansprucht Pilot und Maschine aufs Äußerste. Er erfordert eine stabile Konstruktion des Modells, um den Kräften zu widerstehen, die bei heftigen Flugmanövern auftreten können, eine hohe Motorleistung, die es erlaubt, mit hohen Anstellwinkeln zu fliegen und die bestmögliche Wendigkeit um Längs- und Querachse. Weitere Anforderungen können die Fähigkeit zu gerissenen Figuren sein, bei denen ein Strömungsabriss bei Geschwindigkeiten oberhalb der Mindestgeschwindigkeit im horizontalen Flug erzwungen wird, sowie zum Trudeln und zum Messerflug. Wenn man sich die Anforderungen der einzelnen Figuren an das Modell genau überlegt, kann man die gewonnenen Erkenntnisse in die Konstruktion seines Modells einfließen lassen.

Geschwindigkeit

Ein Hochleistungsmotor und der passende Propeller mit hoher Steigung sind die wesentlichen Voraussetzungen für ein Rennflugzeug. Die Wahl des Tragflächenprofils für ein schnelles Modell ist immer ein Kompromiss zwischen hoher Geschwindigkeit und Wendigkeit. Hohe Geschwindigkeit verlangt nach dem geringst möglichen Widerstand und einem Profil, das wenig Auftrieb erzeugt. Ein stromlinienförmiger Rumpf mit verkleidetem Motor und ein dünnes Tragflächenprofil mit wenig oder ohne Wölbung und geringem Widerstand bei kleinen Anstellwinkeln versprechen ein gutes Ergebnis. Wer enge Wenden fliegen will, braucht aber gleichzeitig einen Flügel, der genügend Auftrieb bei hohen Anstellwinkeln liefert. Wie hart ein Modell um die Kurve geht, hängt vor allem davon ab, wie viel und vor allem wie schnell der Flügel Auftrieb erzeugen kann.

Nutzlast

Das Gegenstück zur Kunstflugmaschine ist ein Flugmodell, das zum Tragen einer schweren Nutzlast ausgelegt ist. Das kann der Antriebsakku beim Elektromodell sein, der Kraftstoff bei einem Modell, das zu einem Dauerflugrekord startet oder aber ein Fallschirmspringer, Süßigkeiten etc. Modellgewicht und Nutzlast ergeben zusammen das Abfluggewicht und damit die tatsächliche Flä-

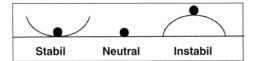

Abb. 148: Stabilität lässt sich anhand des Beispiels mit Kugel und Schale leicht verständlich machen.

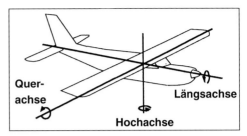

Abb. 149: Die drei Achsen eines Flugzeugs

chenbelastung des Modells. Wer es schafft, ein überladenes Modell doch irgendwie in die Luft zu bekommen, schleppt sich dann mit einer Geschwindigkeit kurz vor dem Strömungsabriss dahin und an einen Höhengewinn ist erst gar nicht zu denken – keine schöne Vorstellung.

Start- und Landeigenschaften

Im Vergleich zu manntragenden Flugzeugen ist die Rollstrecke, die ein Modell beim Starten oder Landen benötigt, von geringerer Bedeutung. Für Impellermodelle kann die Piste, vor allem beim Starten von Gras, schon mal zu kurz werden. Ebenso können Modelle mit gutem Gleitwinkel bei nur leichtem Gegenwind über die Landebahn hinausschießen, vor allem wenn der Anflug auf Grund des Bewuchses hoch angesetzt werden muss.

Der Konstrukteur oder Pilot hat in der Regel keinen Einfluss auf die Oberflächenbeschaffenheit der Startbahn, es sei denn, es handelt sich um Gras. Jedenfalls sorgen kleine Räder für einen hohen Widerstand beim Rollen, außer bei erstklassigem Golfrasen. Die Wahl der richtigen Radgröße ist also entscheidend für die Länge der Startstrecke. Ein Dreibeinfahrwerk verursacht außerdem einen größeren Rollwiderstand als ein Zweibeinfahrwerk.

Besonders wichtig für die Länge der Startstrecke sind das Verhältnis zwischen Schub und Gewicht des Modells, die Flächenbelastung und das Tragflächenprofil. Mehr Schub, geringeres Gewicht und eine größere Flügelfläche sind ebenso nützlich wie der Einsatz von Hochauftriebsprofilen und anderen Maßnahmen zur Erhöhung des Auftriebs.

Flugdauer

Wie lange sollen denn Ihr Modell mit einer Tankfüllung in der Luft bleiben? Über Menge und Gewicht des mitgeführten Kraftstoffs sollte man sich in jedem Fall Gedanken machen und den Tank ggf. sogar im oder in unmittelbarer Nähe des Schwerpunkts platzieren. Das Gegenstück zum Tank ist beim Elektroflug der Flugakku, der ein beachtliches Gewicht haben kann, vor allem, wenn das Modell längere Zeit in der Luft bleiben soll.

Flugstabilität

Die Flugstabilität eines Modells hat nichts mit seiner mechanischen Stabilität oder Festigkeit zu tun. Sie ist ein komplexes Thema, bei dem viele Faktoren zu berücksichtigen sind. Für unsere Zwecke mag eine vereinfachte, praxisorientierte Form der Darstellung genügen. Wichtig ist es, die Grundlagen der Flugstabilität zu verstehen, um das selbst konstruierte Modell mit dem nötigen Maß an Stabilität ausstatten zu können. Abb. 148 zeigt Beispiele für Stabilität anhand einer Kugel, die in einer Schale liegt (stabil), auf einer ebenen Unterlage (neutral) und auf einer umgedrehten Schale (instabil).

Die drei Achsen

Das Flugmodell ist um drei Achsen steuerbar, um die Längs-, Hoch- und Querachse (Abb. 149). Ein Flugmodell muss ein gewisses Maß an Stabilität um jede dieser drei Achsen besitzen. Es handelt sich dabei um die Querstabilität, die Richtungsstabilität und die Längsstabilität.

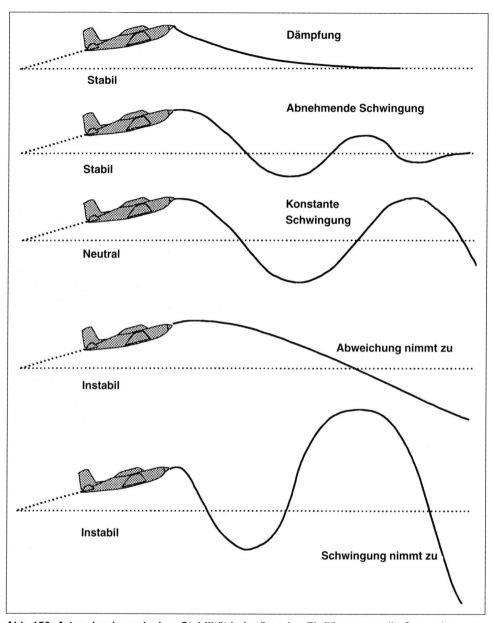

Abb. 150: Arten der dynamischen Stabilität bei störenden Einflüssen um die Querachse.

Die Längsachse

Die Längsachse ist eine gedachte Linie, die vom vorderen Ende des Modells durch den Schwerpunkt zum hinteren Ende verläuft. Um diese Achse rollt das Flugmodell und die zugehörige Stabilität ist die Querstabilität.

Die Hochachse

Die Hochachse verläuft vertikal durch den Modellschwerpunkt und um diese Achse giert das Modell. Hier geht es um die Richtungsstabilität.

Die Querachse

Die Querachse des Modells verläuft im rechten Winkel zu den beiden genannten Achsen in Spannweitenrichtung durch den Schwerpunkt. Um diese Achse nickt das Modell und wir sprechen hier von der Längsstabilität.

Diese Achsen sind relativ zum Modell unbeweglich und nicht an eine Bewegung des Modells über Grund gebunden. Ein Flugmodell kann stabil oder instabil um eine oder mehrere dieser drei Achsen sein.

Statische und dynamische Stabilität

Die Stabilität eines Flugmodells ist ein Maß für die Eigenschaft, nach einer Störung des Gleichgewichts um eine oder mehrere der drei Achsen in seinen Gleichgewichtszustand zurückzukehren.

Statische Stabilität

Wird das Gleichgewicht eines im horizontalen geradlinigen Flug befindlichen Modells gestört, besitzt es statische Stabilität, wenn es versucht, die ursprüngliche Fluglage wieder herzustellen. Weicht das Modell immer weiter von der ursprünglichen Fluglage ab, ist das Modell instabil. Behält es die geänderte Fluglage bei, spricht man von neutraler Stabilität.

Dynamische Stabilität

Auch beim statisch stabilen Modell können zur Korrektur einer Störung mehrere Versuche in Form einer Pendelbewegung nötig sein. Nimmt die Amplitude dieser Bewegung stetig ab, ist das Modell dynamisch stabil. Nimmt die Amplitude der Bewegung zu, ist das Modell dynamisch instabil und bleibt die Amplitude gleich, ist die dynamische Stabilität des Modells neutral.

Gedämpfte Schwingung und Aufschwingen

Nimmt ein Modell nach einer Störung des Gleichgewichts die ursprüngliche Fluglage allmählich und ohne Pendelbewegung wieder ein, besitzt es statische und dynamische Stabilität. Wird dagegen die Abweichung von der ursprünglichen Fluglage kontinuierlich größer, ist das Modell sowohl statisch als auch dynamisch instabil. Abb. 150 zeigt am Beispiel der Querachse fünf Arten der dynamischen Stabilität.

Längsstabilität

Stabilität um die Querachse (Nickebene) ist abhängig von der Lage des Schwerpunkts, der Druckpunktwanderung, der Höhenleitwerksfläche und dem Leitwerkshebelarm. Die Längsstabilität nimmt zu, wenn man den Schwerpunkt nach vorne verschiebt oder die Fläche des Leitwerks oder den Leitwerkshebel vergrößert. Diese Faktoren müssen bei einer Neukonstruktion gleich zu Beginn berücksichtigt werden, denn wenn das Modell erst einmal fertig ist, lässt sich nur noch die Schwerpunktlage mit relativ wenig Aufwand ändern.

Ein weiteres Thema ist die gewünschte Wendigkeit des Modells. Große Flugstabilität ist bei einer Kunstflugmaschine sicher weniger gefragt als bei einem Trainer. Deshalb haben Kunstflugmaschinen oft einen verhältnismäßig kurzen Rumpf, ein relativ kleines Höhenleitwerk und einen weit hinten liegenden Schwerpunkt. Beim Trainer ist es genau umgekehrt.

Die Lage des Schwerpunkts verdient besondere Aufmerksamkeit (siehe Kapitel 3). Die hintere Schwerpunktlage ist genau definiert. Wird sie überschritten, ist das Flugmodell kaum noch steuerbar. Die vordere Schwerpunktlage ist weit weniger kritisch. Liegt der Scherpunkt zu weit vorn, strebt das Modell entweder nach dem Start wieder der Erde zu oder es hebt gar nicht erst von der Starbahn ab.

Die Druckpunktlage

Mit zunehmendem Anstellwinkel wandert der Druckpunkt nach vorne und umgekehrt. Da

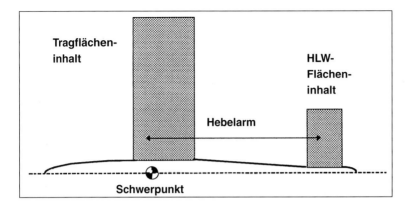

Abb. 151: Flächeninhalt und Abstand des Höhenleitwerks von der Tragfläche haben Einfluss auf die Längsstabilität eines Modells.

sich ein Modell stets um seinen Schwerpunkt dreht, hebt das Modell die Nase, wenn der Druckpunkt vor den Schwerpunkt wandert. Einfluss auf die Lage des Druckpunkts haben:

Der Anstellwinkel

Kurz bevor die Strömung am Flügel abreißt, befindet sich der Druckpunkt in der Nähe seiner vordersten Position. Bei hohen Geschwindigkeiten liegt der Druckpunkt entsprechend weiter hinten, bei einigen gewölbten Profilen bei bis zu 70% der Flächentiefe. Der Spielraum für die Druckpunktlage ist abhängig vom Profil. Je größer die Profilwölbung, desto ausgeprägter die Druckpunktwanderung; die Druckpunktwanderung bei symmetrischen Profilen ist gering.

Die Flächenbelastung

Je schwerer ein Modell ist, desto mehr Auftrieb muss seine Tragfläche liefern. Ein schweres Modell wird also eher mit höherem Anstellwinkel und einem weiter vorne liegenden Druckpunkt fliegen als ein Modell mit niedriger Flächenbelastung.

G-Kräfte

Positive Beschleunigungen in der Nickebene, wie sie beispielsweise beim Looping auftreten, erfordern auch einen höheren Anstellwinkel der Tragfläche und bewirken eine Verlagerung des Druckpunktes nach vorne.

Turbulenzen

In turbulenter Luft ändert sich die Fluglage des Modells ständig. Dadurch ändern sich auch Anstellwinkel und Druckpunktlage.

Kurzzeitige Störungen

Eine vorübergehende Änderung des Anstellwinkels kann auch durch die Trägheit des Modells hervorgerufen werden, wenn Kräfte nur kurzzeitig auf das Modell wirken, wie z. B. beim Ausfahren des Fahrwerks oder der Landeklappen.

Stabilitätsmaß

Ob das Modell über ein ausreichendes Maß an Längsstabilität verfügt, ist spätestens nach seinem ersten Flug klar. Das Ergebnis fällt grob in eine von drei Kategorien:

Zu hohes Stabilitätsmaß

Das Modell reagiert träge auf das Höhenruder und ist kaum zum Trudeln zu bewegen, da die Wirkung des Höhenruders nicht ausreicht, um einen Strömungsabriss zu provozieren. Die Last des Höhenleitwerks im Normalflug ist hoch und ein Strömungsabriss am Höhenleitwerk leicht möglich.

Zu geringes Stabilitätsmaß

Das Modell reagiert lebhaft auf das Höhenruder und ein Strömungsabriss durch entsprechenden Höhenruderausschlag ist, vor allem bei geringer Fluggeschwindigkeit, kein Pro-

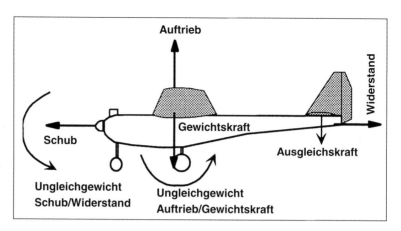

Abb. 152: Aufgabe des HLW ist es, störende Einflüsse zu kompensieren, die durch ein Ungleichgewicht der am Modell angreifenden Kräfte entstehen.

blem. Beim Strömungsabriss kippt das Modell in der Regel über eine Tragfläche und beginnt zu trudeln. Der Kraftstoffverbrauch macht sich dadurch bemerkbar, dass das Modell nachgetrimmt werden muss. Wer so ein Modell fliegen will, braucht das nötige Fingerspitzengefühl und eine schnelle Reaktion.

Instabil
Das ist das Ergebnis eines zu weit hinten liegenden Schwerpunkts. Probieren Sie das am besten gar nicht erst aus! Der erste Flug dieses Modells wird wahrscheinlich an ein Rodeo erinnern. Das Modell reagiert überempfindlich auf das Höhenruder und jeder noch so kleine Ruderausschlag kann zur Katastrophe führen.

Das Höhenleitwerk
Aufgabe des Höhenleitwerks ist es, einem Ungleichgewicht zwischen den vier in Abb. 152 dargestellten Kräften entgegenzuwirken. Diese Kräfte wirken in der Regel nicht auf denselben Angriffspunkt am Modell. Unterschiedlich sind nicht nur die Angriffspunkte dieser Kräfte, sondern auch ihre Stärke, die von der Motordrehzahl, der Fluggeschwindigkeit, der Steig- oder Sinkrate, dem Gewicht und vom Anstellwinkel der Tragfläche abhängt. Eine ausgleichende Kraft ist daher nötig und zwar in Form des Höhenleitwerks. In den USA wird das Höhenleitwerk als „stabiliser", also als Stabilisator bezeichnet. Der Grund für diese noch passendere Bezeichnung sollte jetzt klar sein. Das Höhenleitwerk stabilisiert Kräfte, die das Modell aus dem Gleichgewicht bringen könnten.

Wird der Anstellwinkel durch äußere Einflüsse verringert, erzeugt der Flügel weniger Auftrieb und der Druckpunkt verlagert sich nach hinten. Damit ändern sich auch die Gleichgewichtsverhältnisse in Bezug auf den Modellschwerpunkt, der auf Basis des ursprünglichen Druckpunkts und Auftriebswertes eingestellt wurde. Das Ergebnis ist ein Verlust der Stabilität in der Nickebene.

Auch das Höhenleitwerk erfährt eine Änderung des Anstellwinkels. Es sollte so ausgelegt sein, dass der Auftriebsverlust am Höhenleitwerk durch seine größere Entfernung vom Modellschwerpunkt auch größer ausfällt als der Stabilitätsverlust, der durch den verringerten Auftrieb am Flügel in wesentlich geringerem Abstand vom Schwerpunkt erfolgt. Denn dann kehrt das Modell von selbst in eine stabile Fluglage zurück.

Der Bereich der Druckpunktwanderung ist vom Profil abhängig. Eine große Druckpunktwanderung führt zu größeren Stabilitätsschwankungen. Die Wechselbeziehung zwischen Schwerpunkt, Druckpunkt und Höhenleitwerk bestimmt den Grad der Längsstabilität eines Modells.

Ein Modell sollte in allen Fluglagen stabil sein, aber nicht träge. Der Grad der Stabilität hängt von der Art des Modells ab. Er sollte bei Anfängermodellen und Trainern hoch, bei Kunstflugmaschinen, bei denen es in erster Linie auf hohe Wendigkeit ankommt, gering sein.

Quer- und Richtungsstabilität

Quer- und Richtungsstabilität sind so eng miteinander verbunden, dass wir sie zusammen betrachten wollen. Eine Störung der Querstabilität wirkt sich auch auf die Richtungsstabilität aus, wenn dass Modell auf die Störung reagiert.

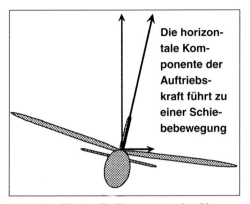

Abb. 153: Mit der Rollbewegung des Modells ist auch eine seitliche Schiebebewegung verbunden.

Rollstabilität

Die Rollstabilität ist ein Maß für die Fähigkeit des Modells, sich aus einer Schräglage wieder in Normallage aufzurichten. Eine wichtige Rolle hierbei spielt die vertikale Lage des Schwerpunkts im Verhältnis zum Druckpunkt, der Einsatz von positiver oder negativer V-Form, positiver oder negativer Pfeilung der Tragflächen sowie Größe und Position des Seitenleitwerks. Wir unterscheiden drei Arten der Rollstabilität.

Stabil

Das Modell richtet sich aus einer Kurve automatisch auf, wenn die Ruder in Neutrallage zurückkehren.

Instabil

Das Modell kurvt nach der einen oder anderen Seite, wenn sich die Ruder in Neutrallage befinden und setzt eine eingeleitete Kurve enger werdend fort, nachdem die Ruder in Neutrallage zurückgekehrt sind. Für den Geradeausflug sind ständige Korrekturen erforderlich.

Indifferent

Ein Modell mit neutraler Querstabilität behält eine eingeleitete Kurve bei, nachdem die Ruder in Neutrallage zurückgekehrt sind. Der Neigungswinkel bleibt konstant, bis ein neuer Steuerbefehl die Kurve beendet. Dieses Verhalten eines Modells wird in den meisten Fällen angestrebt.

Wenn ein Modell um die Längsachse rollt, gib es zunächst kein aufrichtendes Moment. Wird die Rollbewegung fortgesetzt, erhält die Auftriebskraft an den Tragflächen eine horizontale Komponente, die zu einer Schiebebewegung in Richtung der hängenden Tragfläche führt. Durch diese Schiebebewegung wirken Seitenkräfte auf Tragflächen und Rumpf.

Bei ausreichender Stabilität richtet sich das Modell durch die Wirkung dieser Seitenkräfte wieder auf. Querstabilität wird durch eine der folgenden Maßnahmen oder ihre Kombination unterstützt:

- V-Form der Tragflächen
- Pfeilung der Tragflächen
- Anordnung des Großteils der Seitenfläche oberhalb des Schwerpunkts
- Kombination aus hoher Flächenposition und tief liegendem Schwerpunkt

V-Form

Gerät ein Modell mit V-Form in Schräglage (Kurve), beginnt es gleichzeitig in Richtung der hängenden Flügelhälfte zu schieben (Abb. 154). Die V-Form bewirkt, dass die vertikale

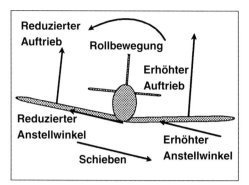

Abb. 154: Die V-Form korrigiert die Schräglage des Modells.

Komponente des Auftriebs an der hängenden Flächenhälfte größer und an der angehobenen Flächenhälfte kleiner wird und sich das Modell wieder aufrichtet. Dieser Effekt kann durch eine hohe Seitenfläche des Rumpfes unterstützt werden, durch die die angehobene Fläche zum Teil abgeschirmt wird.

Je größer die V-Form einer Tragfläche, desto größer ist auch die Querstabilität eines Modells und die Tendenz, sich aus einer Schräglage oder Kurve wieder aufzurichten. Eine Verringerung der V-Form bewirkt auch eine Verringerung der Querstabilität. Ist die Querstabilität neutral oder gar negativ, wird die eingeleitete Kurve beibehalten bzw. immer steiler.

Pfeilung der Tragflächen

Gerät ein Modell mit gepfeilten Tragflächen in Schräglage, führt die seitliche Schiebebewegung dazu, dass die hängende Flächenhälfte unter einem günstigeren Winkel angeströmt wird als die angehobene Flächenhälfte. Der höhere Auftrieb an der hängenden Flächenhälfte richtet das Modell wieder auf. Durch die effektiv höhere Streckung der hängenden Flächenhälfte wird diese stabilisierende Wirkung noch verstärkt; der Unterschied entsteht durch die Änderung der effektiven Flächentiefe (Abb. 155).

Die Pfeilung einer Tragfläche hat eine ähnliche Wirkung wie die V-Form. Dabei entsprechen 10° Pfeilung einer V-Form von etwa 1°. Negative V-Form und eine negative Pfeilung der Flächen wirken genau umgekehrt wie positive V-Form und Pfeilung. Ein Flugmodell mit stark gepfeilten Flächen kann überquerstabil sein. Um dieser Tendenz entgegen zu wirken, werden die Tragflächen oft mit einer negativen V-Form ausgestattet.

Kielwirkung des Rumpfes

Wenn ein Modell eine seitliche Schiebebewegung ausführt, wirken erhebliche Kräfte auf die Seitenfläche eines Modells, die ein Rollmoment um den Modellschwerpunkt bewirken. Ist die Seitenfläche oberhalb des

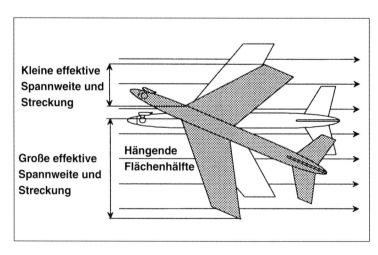

Abb. 155: Die korrigierende Wirkung einer gepfeilten Tragfläche bei der Schiebebewegung. Die Pfeilung sorgt durch die größere effektive Spannweite und Streckung für höheren Auftrieb an der hängenden Flächenhälfte.

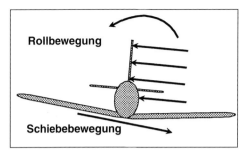

Abb. 156: Die Kräfte, die bei einer Schiebebewegung auf die Seitenfläche des Modells wirken, erzeugen ein aufrichtendes Moment.

Modellschwerpunkts größer als unterhalb, bewirkt die Seitenfläche ein aufrichtendes Moment.

Hohe Flügelposition und tief liegender Schwerpunkt

Je höher die Tragfläche am Rumpf angeordnet ist, desto ausgeprägter die Pendelwirkung des Rumpfes, da Auftrieb und Gewichtskraft nicht mehr in derselben Ebene wirken (Abb. 157). Bei der seitlichen Schiebebewegung trägt auch der Widerstand der Tragfläche, der oberhalb des Schwerpunkts angreift, dazu bei, das Modell wieder aufzurichten.

Eine Veränderung der Seitenleitwerksfläche kann zu unvorhergesehenen Ergebnissen führen. Je kleiner das Seitenleitwerk ist, desto höher ist die Querstabilität des Modells und die Wahrscheinlichkeit, dass es geradeaus fliegt. Modelle mit großen Seitenleitwerken und großem Leitwerkshebelarm neigen zu neutralem Verhalten um die Längsachse. Wenn ein neues von Ihnen konstruiertes Modell nach dem Einleiten einer Kurve und Neutralisieren der Ruder immer enger kurvt, ist eine Verringerung der Seitenleitwerksfläche oft einfacher zu bewerkstelligen als eine Vergrößerung der V-Form.

Richtungsstabilität

Wenn ein richtungsstabiles Modell giert, also um die Hochachse dreht, wird es sich durch den Windfahneneffekt des Seitenleitwerks von

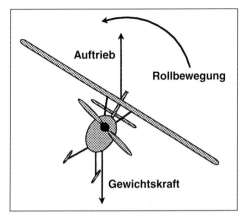

Abb. 157: Die Pendelwirkung des Rumpfes bei hoch angeordneter Tragfläche.

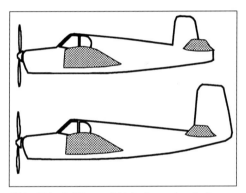

Abb. 158: Größe und Hebelarm des Seitenleitwerks beeinflussen die Richtungsstabilität des Modells.

alleine wieder gegen den Wind ausrichten. Je schneller das geschieht, desto größer ist die Richtungsstabilität des Modells.

Die Richtungsstabilität ist Aufgabe des Seitenleitwerks. Ohne Seitenleitwerk würde es den meisten Modellen an Richtungsstabilität fehlen, weil der Druckpunkt eines Rumpfes normalerweise in der Nähe des Schwerpunkts liegt. Um eine gewisse Richtungsstabilität sicher zu stellen, ist deshalb ein Seitenleitwerk erforderlich.

Der Grad der Richtungsstabilität ist abhängig von der Aufteilung der Seitenflächen vor und hinter dem Schwerpunkt des Modells.

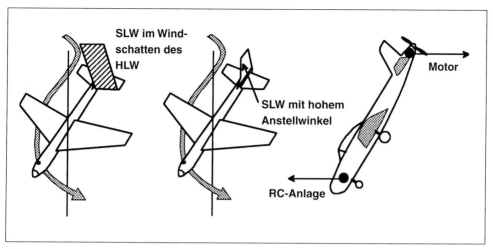

Abb. 159: Einflüsse auf die Trudeleigenschaften des Modells.

Eine Schlüsselposition nehmen dabei die Größe des Seitenleitwerks und der Leitwerkshebelarm ein. Es ist bemerkenswert, dass die Richtungsstabilität bei manntragenden Flugzeugen im Überschallflug zum Problem werden kann. Das ist ein Grund für das auffällig große Seitenleitwerk des Tornado oder das Doppelleitwerk der F-15 Eagle oder der F-18 Hornet. Aber diese Problematik betrifft zum Glück nicht die Modellflieger.

Je größer das Seitenleitwerk und je größer der Leitwerkshebelarm, desto größer ist die Richtungsstabilität des Modells. Ein zu großes Seitenleitwerk kann allerdings, wie oben bereits erwähnt, zu Schwierigkeiten mit der Querstabilität führen.

Angaben zur Größe des Seitenleitwerks finden Sie in Kapitel 3, allerdings bleiben dabei die Seitenflächen des Modells vor und hinter dem Schwerpunkt unberücksichtigt. In den meisten Fällen bietet schon ein relativ kleines Seitenleitwerk ausreichende Richtungsstabilität. Eine Vergrößerung des Leitwerkshebelarms kann durch eine Verringerung der Leitwerksfläche ausgeglichen werden, wenn der Grad der Richtungsstabilität gleich bleiben soll. Ein Grund für die großen Seitenleitwerke an Deltas ist ihr geringer Abstand zum Schwerpunkt.

Richtungsstabilität und Trudeln

Beim Trudeln arbeitet das Seitenleitwerk in der Regel mit hohen Anstellwinkeln und befindet sich zum Teil im Windschatten des Höhenleitwerks (Abb. 159). Ebenso dargestellt wird die Tendenz eines Modells, bei dem das Gewicht an beiden Enden des Rumpfes konzentriert ist (Druckantrieb), zu einem flacheren Winkel beim Trudeln.

Je größer die Richtungsstabilität eines Modells, desto geringer die Wahrscheinlichkeit, dass es ins Trudeln gerät und desto schneller erholt es sich aus einer Trudelbewegung. Ein großes Seitenleitwerk wirkt der Tendenz zum Trudeln entgegen und einige manntragende Flugzeuge besitzen in der Nähe des Seitenleitwerks Kämme auf dem Rumpfrücken, um die Seitenfläche und damit die Richtungsstabilität zu vergrößern. Bei Kunstflugmaschinen sind diese stabilisierenden Maßnahmen natürlich unerwünscht.

Wechselbeziehung zwischen Quer- und Richtungsstabilität

Das Seitenleitwerk wirkt sich also sowohl auf die Quer- als auch auf die Richtungsstabilität aus. Schwierigkeiten bei Anpassungen der Seitenleitwerksfläche gibt es aber kaum, da Änderungen zur Verbesserung der Querstabilität in der Regel auch für ausreichende Richtungsstabilität des Modells sorgen. Aber es gibt Ausnahmen. Wenn die Strömung bei einem Delta abreißt, kann es passieren, dass sich das Seitenleitwerk komplett im Schatten des Flügels befindet. Das Flachtrudeln, das sich daraus ergibt, ist dann schwer zu beenden. Beim Canard befindet sich der größte Teil des Rumpfes vor dem Schwerpunkt, der Leitwerkshebelarm ist relativ klein. Diese beiden Flugzeugtypen benötigen ein besonders großes Seitenleitwerk.

Trudelneigung

Die Querstabilität eines Modell hängt von den rückführenden Kräften ab, die dann auftreten, wenn das Modell in Schräglage gerät und eine Flächenhälfte senkt. Gleichzeitig wird das Modell vom Seitenleitwerk in die geänderte Luftströmung gedreht, also in Richtung der hängenden Flügelhälfte. Hat diese Drehbewegung erst einmal begonnen, bewegt sich die angehobene kurvenäußere Flächenhälfte mit einer etwas höheren Geschwindigkeit als die hängende kurveninnere Flächenhälfte, da sie einen größeren Weg zurücklegen muss, und erzeugt daher auch mehr Auftrieb. Das Modell beginnt zu rollen und wenn diese Rollbewegung stärker ist als die rückführenden Kräfte der V-Form oder der Tragflächenpfeilung, nimmt die Schräglage des Modells zu und es geht in einen stetig steiler werdenden Spiralsturz über.

Eine Verringerung der Seitenleitwerksfläche verringert die Richtungsstabilität des Modells und seine Neigung zu einer seitlichen Schiebebewegung. Der Auftriebsgewinn an der angehobenen Flächenhälfte ist damit geringer und die Neigung zum Spiralsturz ebenso. Eine gewisse Neigung zum Spiralsturz ist bei den meisten Modellen vorhanden, aber nicht problematisch. Anders sieht das bei zweimotorigen Maschinen aus: Wenn ein Motor bei niedriger Geschwindigkeit abstellt und der andere nicht schnell genug gedrosselt wird, kann das böse Folgen haben. Starkes

Abb. 160: Obwohl meine Fun-Scale Mirage 4000 alle Voraussetzungen hätte, taumelt und schwänzelt sie nicht.

Gieren des Modells durch den asymmetrischen Antrieb und eine unzureichende Seitenruderwirkung können das Modell schnell in eine schwierige Lage bringen.

Taumeln

Eine hohe Flächenbelastung, stark gepfeilte Tragflächen und niedrige Geschwindigkeit begünstigen eine Taumelbewegung des Modells um Hoch- und Längsachse. Dominiert die Rollbewegung, spricht man von einer Fassrolle, dominiert die Gierbewegung, spricht man vom Schwänzeln des Modells. Beides ist vom Piloten schwer zu kontrollieren. Fassrollen können durch eine Verringerung der Querstabilität vermieden werden, das Schwänzeln durch eine Verbesserung der Richtungsstabilität.

Wenderollmoment

Wenn mit dem Seitenruder eine Drehbewegung des Modells um die Hochachse eingeleitet wird, so rollt es automatisch in dieselbe Richtung. Dieses Verhalten ist charakteristisch für alle stabilen Modelle und ermöglicht die Steuerung von Motormodellen mit nur drei Kanälen: Seitenruder, Höhenruder und Motordrossel. Eine entsprechende V-Form der Tragfläche ist allerdings Voraussetzung für eine angemessene Kurvenfreudigkeit des Modells. Die V-Form sollte mindestens 5° betragen, mit 10° erhält man schon ein recht wendiges Modell, das bereits ganz ordentliche seitenrudergesteuerte Rollen fliegt.

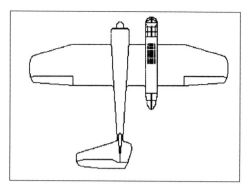

Abb. 161: Das ungewöhnliche asymmetrische Konzept der Blohm&Voss 141 sollte die Rundumsicht der Besatzung bei Aufklärungsflügen verbessern.

Agilität

Welcher Grad an Stabilität um die drei Achsen erforderlich ist, hängt vom Modelltyp und der Geschicklichkeit des Piloten ab. Nach ihren Flugeigenschaften kann man Modelle grob in eine von fünf Kategorien einteilen:

- Schwierig zu fliegen – muss ständig beobachtet werden
- Mäßig – häufige Korrekturen erforderlich
- Befriedigend – keine besonderen Unarten
- Gut – vorhersehbares Flugverhalten
- Ausgezeichnet – keinerlei Unarten

Eine zweite Gruppe von Eigenschaften bezieht sich auf die Flugstabilität und das Ansprechverhalten der Steuerorgane:

- Unempfindlich – reagiert träge auf Steuerbefehle
- Mäßig – reagiert gut, aber immer noch etwas langsam
- Befriedigend – gute Reaktion, aber noch nicht optimal
- Gut – weiches und gut abgestimmtes Ansprechverhalten
- Nervös – unruhig, vor allem bei hohen Geschwindigkeiten

Künstliche Stabilität

Die meisten RC-Hubschrauber sind mit Kreiseln ausgestattet, die sich um die Steuerung des Heckrotors kümmern. Der Kreisel erkennt Drehbewegungen um die Hochachse und korrigiert diese. Kreisel können aber auch bei Flächenmodellen zur Stabilisierung einer oder aller drei Achsen eingesetzt werden. Das ist besonders in Verbindung mit den Querrudern sinnvoll, um die Flächen bei böigem Wind gerade zu halten, z. B. im Landeanflug.

Einstellung der Fluglage

Die Einstellung der Fluglage betrifft zwei Bereiche eines Modells, unter der Voraussetzung, dass der Modellgrundriss in Bezug auf die Längsachse des Modells symmetrisch ist. Sowohl im Modellbau als auch beim manntragenden Flugzeugbau ist das die Regel. Eine bemerkenswerte Abweichung stellt die Blohm & Voss BV 141 dar, eine deutsche Konstruktion aus dem Zweiten Weltkrieg.

Einstellwinkel von Tragfläche und Höhenleitwerk

Die Nickebene beschert dem Konstrukteur zwei Schwierigkeiten. Nummer eins ist der richtige Einstellwinkel für Tragfläche und Höhenleitwerk. Nummer zwei ist der korrekte positive oder negative Motorsturz.

Einstellwinkel der Tragfläche

Der Einstellwinkel der Tragfläche bezieht sich auf die Grundlinie des Rumpfes und sollte so gewählt werden, dass sich der Rumpf bei normalen Anstellwinkeln der Tragfläche in der Horizontalen befindet. Ideal ist es, wenn sich der Rumpf in der Horizontalen befindet, während das Tragflächenprofil den niedrigsten Quotienten aus Auftrieb und Widerstand aufweist, meist bei einem Anstellwinkel um die vier Grad. Ein Einstellwinkel von drei bis vier Grad ist also ein guter Ausgangswert für einen Trainer. Der Winkel orientiert sich dabei an der Skelettlinie des Profils.

Profil	Einstellwinkel	Profil	Einstellwinkel
Ebene Platte	3° (Unterseite)	Eppler 374	2° (Mittellinie)
NACA 0009	0° (Mittellinie)	Gewölbte Platte	2° (Unterseite)
NACA 0018	0° (Mittellinie)	Clark Y	2° (Unterseite)
NACA 2412	0° (Mittellinie)	Gö 797	1° (Unterseite)
NACA 2415	0° (Mittellinie)	NACA 6412	4° (Auflagepunkte)

Tabelle 13: Empfohlene Einstellwinkel für ausgewählte Profile.

Bei Kunstflugmaschinen mit symmetrischem Profil beträgt der Einstellwinkel der Tragfläche normalerweise null Grad, so dass das Flugverhalten im Normal- und im Rückenflug identisch ist. Sinnvolle Einstellwinkel für alle anderen Arten von Modellen dürften sich zwischen diesen beiden Werten finden. Vermeiden sollte man den Fehler, den Armstrong Whitworth bei der Whitley, einem Bomber aus dem Zweiten Weltkrieg, gemacht hat: Der Einstellwinkel der Tragfläche betrug acht Grad, was dazu führte, dass die Maschine mit gesenkter Nase flog. Tabelle 13 enthält Angaben zu geeigneten Einstellwinkeln für eine Reihe von bekannten Profilen.

Höhenleitwerksprofile

Das Höhenleitwerk hat die Funktion eines Stabilisators. Ob es positiven oder negativen Auftrieb erzeugt, hängt vom Leitwerksprofil und dem Anstellwinkel des Leitwerks ab. Der wiederum hängt ab von Profil und Anstellwinkel der Tragfläche sowie von der vertikalen Anordnung von Tragfläche und Höhenleitwerk. Das Abwindfeld, das im Flug hinter der Tragfläche entsteht, beeinflusst auch das Höhenleitwerk. Der tatsächliche Anstellwinkel des Höhenleitwerks ist daher oft geringer als der gemessene Winkel. Das Abwindfeld kann im Extremfall sogar dazu führen, dass ein Profil mit gerader Unterseite eine nach unten gerichtete Kraft oder negativen Auftrieb erzeugt.

Höhenleitwerke müssen in der Regel keinen Auftrieb erzeugen, deshalb wählt man hierfür gerne einfache symmetrische Profile mit geringem Widerstand. Eine ebene Platte ist ideal und hat im Normal- und im Rückenflug die gleiche Wirkung. Ebenfalls als Leitwerksprofil sehr beliebt ist das NACA 0009. Ein Clark Y dagegen ist aufgrund seines hohen Widerstands bei der Erzeugung negativen Auftriebs nicht geeignet.

Abwindfeld

Wenn sich eine Tragfläche durch die Luft bewegt, so entsteht hinter der Tragfläche als Folge der Auftriebserzeugung ein Abwindfeld mit nach unten gerichteter Luftströmung. Dieses Abwindfeld beeinflusst fast immer auch das Höhenleitwerk, da es meist hinter der Tragfläche und damit auch im Bereich des Abwindfelds angeordnet ist. Es lohnt sich also, über die vertikale Anordnung des Höhenleitwerks nachzudenken. Anregungen hierzu finden Sie in Kapitel 3.

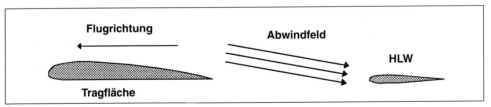

Abb. 162: Bei einigen Modellen wirkt sich das Abwindfeld hinter der Tragfläche stark auf die Anströmung des Höhenleitwerks aus.

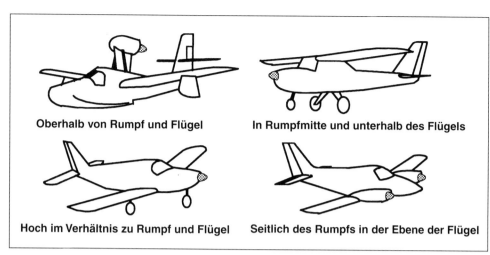

Abb. 163: Die Zugachse ist von der Auslegung des Modells abhängig.

Einstellwinkeldifferenz (EWD)

Die Einstellwinkeldifferenz ist die Differenz zwischen dem Anstellwinkel der Tragfläche und dem Anstellwinkel des Höhenleitwerks. Das Höhenleitwerk muss so eingestellt sein, dass die Tragfläche den erforderlichen Auftrieb liefert. Tabelle 14 liefert hierzu einige Richtwerte; der Flächeninhalt des Höhenleitwerks beträgt dabei jeweils 20% des Tragflächeninhalts und der Abstand des Höhenleitwerks vom Schwerpunkt beträgt 2,5 Flächentiefen. Die Winkel werden an der Mittellinie des Leitwerks gemessen.

Profil	Bezugslinie	EWD
Ebene Platte	Mittellinie	0 - 3°
NACA 0009	Mittellinie	0°
NACA 0018	Mittellinie	0°
NACA 2412	Mittellinie	0 - 1°
NACA 2415	Mittellinie	0 - 1°
Eppler 374	Mittellinie	1 - 2°
Gewölbte Platte	Auflagepunkte	1 - 2°
Clark Y	Unterseite	0 - 1,5°
Gö 797	Unterseite	1 - 2°
NACA 6412	Unterseite	1°

Tabelle 14: Einstellwinkeldifferenz zwischen Tragfläche und HLW.

Bei geringerem Flächeninhalt und/oder Abstand des Höhenleitwerks vom Schwerpunkt müssen die angegebenen Winkel ggf. angepasst werden. Die Angaben sind als Anhaltspunkte gedacht, genaue Werte müssen im Flug ermittelt werden.

Schubrichtung des Motors

Im Idealfall greifen Schubkraft, Widerstand und Gewichtskraft im Schwerpunkt des Modells an. In der Praxis kann der Motor hoch über Rumpf und Tragfläche angeordnet sein, z. B. bei Wasserflugzeugen, oder am Rumpf ober- oder unterhalb der Rumpfmittellinie sitzen, je nach Ausführung des Modells oder Vorstellungen des Konstrukteurs. Bei zweimotorigen Maschinen befinden sich die beiden Motoren meist in den Tragflächen, also außerhalb der Rumpfmittellinie.

Positiver und negativer Sturz

Positiver Sturz verleiht der Zugachse des Motors eine nach unten gerichtete Komponente, die verhindert, dass das Modell die Nase hebt. Negativer Sturz hat die umgekehrte Wirkung. Ziel sollte es sein, dass die Zugachse des Motors durch den Schwerpunkt oder etwas oberhalb des Schwerpunktes verläuft. Ein Schulterdecker kann eine hoch liegende

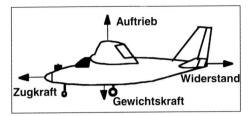

Abb. 164: Zugkraft und Widerstand ergeben bei diesem Modell ein aufwärts gerichtetes Nickmoment. Hier hilft der richtige Motorsturz.

Zugachse haben, wenn der Motor hängend eingebaut wird. Ebenso kann ein Tiefdecker eine tief liegende Zugachse haben, wenn der Modellrumpf besonders flach ist. In diesen Fällen ist nicht viel positiver Sturz nötig.

Der Schulterdecker in Abb. 164 ist ein typisches Beispiel für ein Modell mit tief liegender Zugachse. Zugkraft und Widerstand ergeben ein aufwärts gerichtetes Nickmoment, dem mit einem angemessenen Motorsturz begegnet werden kann.

Abb. 165 zeigt die umgekehrte Situation: Bei einem Modell mit hoch liegender Zugachse ergeben Zugkraft und Widerstand ein abwärts gerichtetes Nickmoment. Der negative Motorsturz sorgt für Abhilfe.

Wenn ein Modell für den Horizontalflug bei einer bestimmten Geschwindigkeit getrimmt ist, wird nur durch eine Änderung der Geschwindigkeit erkennbar, ob der Motorsturz noch korrigiert werden muss.

Seitenzug

Das Drehmoment des rotierenden Propellers versucht, das Modell in die entgegengesetzte Richtung zu drehen. Der Propellerstrahl, der auf Tragflächen, Rumpf und Leitwerk trifft, verstärkt diese Rollbewegung, die bei konventionellen Modellen mit Zugpropeller nach links, bei Modellen mit Druckantrieb nach rechts gerichtet ist. Wenn der Motor am Heck angeordnet ist, befindet sich das Modell allerdings nicht im Propellerstrahl.

Der Seitenzug des Motors wirkt dieser Rollbewegung, die von der Motordrehzahl abhängig ist, entgegen. Die Wirkung des Seitenzugs ist bei hohen Drehzahlen am besten und wird mit abnehmender Drehzahl geringer. Quer- und Seitenrudertrimmung könnten ebenso zur Korrektur des Motordrehmoments genutzt werden, müssten aber ständig der Motordrehzahl entsprechend angepasst werden. Der Seitenzug hängt auch vom Abstand des Motors zum Schwerpunkt des Modells ab. Je größer der Abstand, desto weniger Seitenzug ist erforderlich.

Viele Modelle, vor allem Kunstflugmodelle, fliegen ohne Sturz und Seitenzug und mit einer EWD von 0°; Zugachse, Fläche und Höhenleitwerk liegen also parallel. Bei Sportmodellen sollten Sturz und Seitenzug nicht fehlen, um eine durch den Motor verursachte Nick- oder Giertendenz zu verhindern. Wie viel Sturz und Seitenzug erforderlich sind, hängt von mehreren Faktoren ab: von

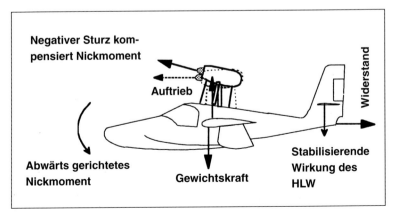

Abb. 165: Bei hoch liegender Zugachse kompensiert ein negativer Motorsturz das abwärts gerichtete Nickmoment.

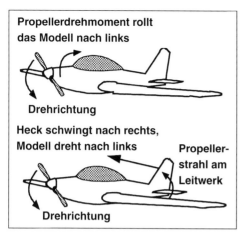

Abb. 166: Das Drehmoment des linkslaufenden Propellers und der Propellerstrahl versuchen, das Modell nach links zu drehen.

Steuerorgane

Herkömmliche Modelle sind mit Querruder, Höhenruder und Seitenruder ausgestattet, die eine Steuerung um alle drei Achsen erlauben. Die Steuerorgane müssen so ausgelegt und angeordnet sein, dass sie bei allen Geschwindigkeiten eine möglichst gute und dem Modelltyp entsprechende Wirkung haben. Die Wirksamkeit von Höhen- und Seitenrudern, die im Propellerstrahl liegen, ist im Kraft- und im Gleitflug unterschiedlich. Das muss bei der Größe der Ruderflächen und bei den Ruderausschlägen berücksichtigt werden.

Manche Flugzeuge besitzen kombinierte Quer- und Höhenruder, sogenannte Elevons, oder ein V-Leitwerk, bei dem die Funktionen von Höhen- und Seitenruder kombiniert sind. Weitere Steuerorgane sind Störklappen und Landeklappen.

den Angriffspunkten der Zug- und Widerstandskräfte, vom Leistungsgewicht des Modells, seiner Fluggeschwindigkeit und vom Abstand des Motors zum Schwerpunkt. Gute Ausgangswerte für positiven und negativen Sturz sind drei Grad, wenn der Motor am Rumpf montiert ist, und fünf bis zehn Grad für über dem Rumpf angeordnete Motoren. Der erforderliche Seitenzug hängt ab von der Größe des Seitenleitwerks und seinem Abstand zum Schwerpunkt. Ein oder zwei Grad Seitenzug reichen in den meisten Fällen aus; wenn die Nase des Modells besonders kurz ist, muss der Seitenzug ggf. auf drei Grad erhöht werden.

Wirksamkeit

Steuerorgane üben eine Kraft aus, die das Modell in eine bestimmt Richtung bewegt. Diese Reaktion wird durch den Luftstrom bewirkt, der von der Ruderfläche abgelenkt wird. Je größer der Ruderausschlag, desto größer die ausgeübte Kraft – jedenfalls gilt das bis zu einem bestimmten Winkel des Ruderausschlags.

Bei kleinen Ruderausschlägen ist die ausgeübte Kraft im Großen und Ganzen proportional zur Größe des Ruderausschlags. Der Anstieg des Widerstands ist dabei verhält-

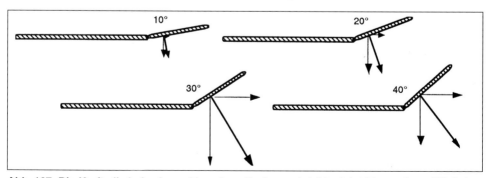

Abb. 167: Die Kraft, die beim Ausschlag eines Ruders entsteht, steigt bis zu einem Winkel von 30° etwa linear an und nimmt dann wieder ab.

nismäßig gering. Die Kraft wächst proportional bis zu einem Klappenwinkel von etwa 30°. Darüber hinaus wird der Widerstand der Klappe so groß, dass die Ruderklappe eher zu einer Bremsklappe wird. Der Ruderausschlag sollte also auf einen Winkel von maximal 30° begrenzt sein. Der erzeugte Widerstand wird nur bei den Querrudern zum Problem, wie wir weiter unten noch sehen werden. Für alle Ruder bedeutet ein hoher Widerstand natürlich auch eine Belastung der Scharniere und Anlenkungen.

Höhenruder

Das Höhenruder ist normalerweise am hinteren Ende der Höhenruderdämpfungsfläche aufgehängt und steuert das Model um die Querachse. Der Höhenruderausschlag, der zur Änderung der Fluglage erforderlich ist, ist geschwindigkeitsabhängig. Bei niedrigen Geschwindigkeiten sind größere Ausschläge des Höhenruders erforderlich als bei hohen Geschwindigkeiten, da mit der Geschwindigkeit die Wirksamkeit einer Ruderklappe zunimmt.

Die Größe des Höhenruders sollte etwa 5% vom Flächeninhalt der Tragfläche betragen. Das ergibt eine relativ geringe Klappentiefe bei Höhenrudern, die über die gesamte Spannweite des Höhenleitwerks laufen. Ein maximaler Ausschlag von 10° nach oben und unten sind ein guter Ausgangswert. Bei langsamen Modellen kann der Ausschlag auf 15° in beide Richtungen erhöht werden, bei schnellen Modellen wird er entsprechend reduziert. Erst nach dem Erstflug kann der Höhenruderausschlag konkret an das Modell und an den individuellen Geschmack des Piloten angepasst werden. Ruderausschläge, die für den normalen Flugbetrieb völlig ausreichen, können sich als unzureichend für bestimmte Kunstflugfiguren erweisen. Moderne Sender bieten hier Einstell- und Umschaltmöglichkeiten für unterschiedliche Ansprüche.

Querruder

Querruder sind am schwierigsten zu konstruieren und erreichen nicht immer die gewünschte Wirkung. So beeinträchtigt z. B. eine große V-Form der Tragfläche die Wirksamkeit der Querruder. Diese wirken umso besser, je geringer die V-Form der Tragflächen ist, bis hin zu dem Punkt, an dem sich das Flugmodell um die Längsachse neutral verhält. Wie beim Höhenruder auch, nimmt die Wirksamkeit der Querruder mit der Fluggeschwindigkeit zu. Die Spannweite des Modells hat Einfluss auf die Rollrate. Bei gleicher Geschwindigkeit, Klappengröße und bei gleichem Ruderausschlag ist die Rollrate des Modells umso größer, je geringer seine Spannweite ist. Wie wir noch sehen werden, spielt hier auch der schädliche Widerstand eine Rolle.

Querruder können in die Tragfläche eingesetzt oder als sogenannte Endleisten- oder Streifenquerruder am hinteren Ende der Tragfläche befestigt sein. Endleistenquerruder sind in der Regel die einfachere Lösung, beide Arten sollten aber pro Klappe eine Größe von 7,5 bis 10% des Tragflächeninhalts haben.

Eingesetzte Querruder

Eingesetzte Querruder erfordern einen höheren konstruktiven Aufwand als Streifenquerruder und die nach unten ausschlagende Ruderklappe erzeugt einen relativ hohen Widerstand, der das Modell entgegen der Kurvenrichtung gieren lässt. Für eine gute Wirksamkeit der Querruder sind relativ große Ausschläge nötig und dem hohen Widerstand kann durch eine Differenzierung der Ausschläge begegnet werden, so dass z. B. ein Querruder 20° nach oben ausschlägt, während das andere nur 10° nach unten ausschlägt. Eine Differenzierung kann entweder durch eine entsprechende Gestaltung der Anlenkung oder mit Hilfe von zwei Querruderservos und einem programmierbaren Sender erreicht werden. Näheres hierzu finden Sie in Kapitel 10.

> **Eingesetztes Querruder**
> Länge: 40% - 50% der Spannweite
> Breite: 15% - 20% der Flächentiefe

Abb. 168: Eingesetzte Querruder sind aufwändiger als Streifenquerruder.

> **Streifenquerruder**
> Länge: gesamte Spannweite
> Breite: 10% der Flächentiefe
> möglichst trapezförmig

Abb. 169: Streifenquerruder sind üblicherweise relativ schmal.

Negatives Wendemoment und Widerstand

Das negative Wendemoment ist eine Erscheinung, die vor allem bei den Testflügen neuer Konstruktionen mit eingesetzten Querrudern zu beobachten ist. Vom negativen Wendemoment spricht man, wenn das Modell entgegen der von den Querrudern eingeleiteten Kurve zu gieren versucht.

Wenn ein Querruder nach unten ausschlägt, vergrößert sich sein Anstellwinkel und es bewegt sich in einem Bereich höheren Drucks. Beides erhöht den Widerstand des Querruders. Bei dem nach oben ausschlagenden Querruder ist das genau umgekehrt und sein Widerstand nimmt ab. Ist der Widerstand des nach unten ausschlagenden Querruders deutlich höher als der des nach oben ausschlagenden Querruders, dreht die Nase des Flugmodells entgegen der Kurvenlage.

Der Widerstand der Querruder macht sich vor allem im unteren Geschwindigkeitsbereich bemerkbar, da im Langsamflug große Ruderausschläge erforderlich sind. Das negative Wendemoment kann durch die Differenzierung der Querruderausschläge verringert werden, so dass der Querruderausschlag nach unten kleiner ist als nach oben und der Widerstand an beiden Ruderklappen ungefähr gleich ist. Eine Alternative ist der Einsatz von Frise-Querrudern.

Streifenquerruder

Streifenquerruder scheinen ein weicheres und besseres Ansprechverhalten und ein geringeres negatives Wendemoment zu verursachen als eingesetzte Querruder. Typische Flächenanteile zeigt Abb. 169. Ein Ruderausschlag von 15° nach oben und unten ist ein guter Ausgangswert. Die Neutralstellung der Ruder muss sehr präzise sein, eine möglichst kurze und spielfreie Anlenkung ist wichtig. Sehr dünne Streifenquerruder haben an einem relativ dicken Flügel keine gute Ruderwirkung, da sie zum Teil im Windschatten des Flügels liegen. Der Übergang vom Flügel zum Querruder sollte möglichst gleichmäßig verlaufen.

Störklappen als Querruder

Ganz ohne negatives Wendemoment geht es, wenn Störklappen anstelle der Querruder eingesetzt werden. Sie werden einzeln angesteuert und nur jeweils an der Oberseite des kurveninneren Flügels ausgefahren, wo sie den Auftrieb reduzieren und den Widerstand erhöhen. Der Auftriebsverlust in der Kurve ist größer als beim Einsatz differenzierter Querruder und muss durch das Höhenruder ausgeglichen werden.

Flettnereffekt

Wenn Querruder ausschlagen, wirken sie an der jeweiligen Tragflächenhälfte wie ein Höhenruder. Das nach oben ausschlagende Ruder

Abb. 170: Wichtig für die Anströmung der Querruder ist ein sauberer Übergang von Tragfläche zu Querruder.

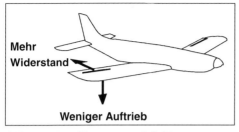

Abb. 171: Der Einsatz von Störklappen anstelle von Querrudern bietet einige Vorteile.

versucht, die Flügelnase um die Drehachse des Flügels nach oben zu drehen, das nach unten ausschlagende Ruder hat die umgekehrte Wirkung. Damit sich der Flügel nicht verdreht, muss er also eine entsprechende Torsionssteifigkeit besitzen. Bei Hochgeschwindigkeitsmodellen mit sehr dünnen Tragflächen kann es dennoch geschehen, dass sich die Flügel bei Betätigung der Querruder verdrehen. Der Flettnereffekt verringert die Wirksamkeit der Querruder, wenn sich die Flügel verdrehen, und wirkt der von den Querrudern eingeleiteten Rollbewegung entgegen.

Seitenruder

Das Seitenruder ist am hinteren Ende der Seitenruderdämpfungsfläche befestigt und seine Wirksamkeit steigt mit der Fluggeschwindigkeit des Modells. Bei starkem Gieren oder Schieben des Modells kann die Strömung am Seitenleitwerk abreißen und die Steuerbarkeit des Modells um die Hochachse und seine Richtungsstabilität sind plötzlich ein-

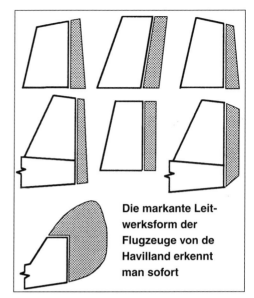

Abb. 172: Einige mögliche SLW-Konfigurationen.

geschränkt. Schmale Ruder über die Gesamte Höhe des Leitwerks und mit einer vertikalen oder leicht nach hinten geneigten Drehachse sind vorteilhaft. Eine nach vorne geneigte Drehachse des Ruders dagegen sollte vermieden werden. Günstig ist eine leichte bis mittlere Trapezform des Ruders. Eine zu stark ausgeprägte Trapezform führt zu Leistungsverlust und erfordert eine größere Ruderfläche, um die gleiche Wirkung zu erzielen.

Der Flächeninhalt des Seitenruders sollte zwei bis drei Prozent des Tragflächeninhalts betragen. Ein Ruderausschlag von 20° nach

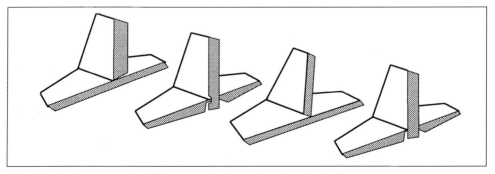

Abb. 173: So kommen sich Höhen- und Seitenruder nicht in die Quere.

Abb. 174: Geteilte und innen ausgesparte Höhenruder ermöglichen einen ungehinderten Seitenruderausschlag.

Abb. 175: Für einen Nurflügel wie diesen kommen eigentlich nur Elevons in Frage, die außen an den Flächen angebracht werden.

beiden Seiten ist ausreichend beim Rollen am Boden und sorgt für gute Wendigkeit in der Luft, selbst wenn das Seitenruder das Hauptsteuerorgan zur Richtungskontrolle ist. Größe und Ausschlag des Seitenruders müssen bei langsam fliegenden Modellen ggf. vergrößert werden.

Bewegungsfreiheit für Höhen- und Seitenruder

Dreidimensionales Denken ist für viele Menschen schwierig. Bei der Konzeption von Höhen- und Seitenruder kann es leicht passieren, dass sie beim Ausschlagen miteinander kollidieren. Wird dies vor dem Erstflug entdeckt, ist ein ärgerlicher Umbau nötig. Findet man es während des Erstflugs heraus, war es vielleicht auch der letzte Flug des neuen Modells. Dabei gibt es viele Möglichkeiten, um eine Kollision der beiden Ruder zu vermeiden. So kann z. B. das Seitenruder vor dem Höhenruder angeordnet werden oder das Höhenleitwerk wird zurückgesetzt. Seiten- oder Höhenruder können entsprechend ausgespart werden. Das Höhenruder wird in diesem Fall geteilt ausgeführt und die Ruderblätter müssen durch ein Verbindungsstück miteinander verbunden werden.

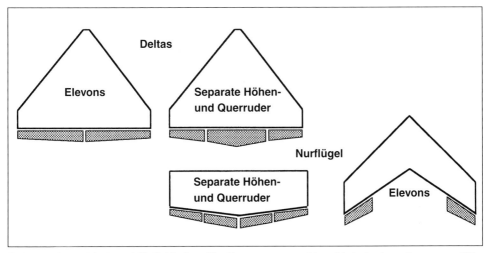

Abb. 176: Verschiedene Möglichkeiten für die separate und kombinierte Anordnung von Höhen- und Querrudern an schwanzlosen Modellen.

Die Kombination von Quer- und Seitenruder

Die Kombination von Quer- und Seitenruder kann das Kurvenverhalten von Flugmodellen, insbesondere das von Doppeldeckern, erheblich verbessern, da das Seitenruder das von den Querrudern erzeugte negative Wendemoment kompensiert und das Modell in Richtung der Kurve dreht. Quer- und Seitenruder können mechanisch oder über die Mischfunktion eines programmierbaren Senders gekoppelt werden.

Elevons

Einige schwanzlose Flugzeuge, Nurflügel und Deltas besitzen kombinierte Quer- und Höhenruder, sogenannte Elevons. Die Steuerflächen schlagen in ihrer Funktion als Höhenruder gleichsinnig aus, als Querruder gegensinnig.

Beim Delta sind entweder Elevons oder separate Steuerflächen möglich (Abb. 176), ebenso bei Nurflügeln ohne oder mit geringer Pfeilung. Bei stark gepfeilten Flügeln wäre der Hebelarm eines separaten Höhenruders zu klein. Die Größe eines Elevons sollte etwa 15% des Flächeninhalts betragen.

V-Leitwerke und Flaperons

Beim V-Leitwerk sind die Funktionen von Höhen- und Seitenruder kombiniert; insofern ist ihre Funktion mit der von Elevons vergleichbar. Die Leitwerksflächen sind meist in einem Winkel von etwa 30° zur Horizontalen geneigt. Die Größe einer Steuerfläche sollte etwa 7,5% des Flächeninhalts betragen. Auf die gleiche Weise lassen sich die Funktionen von Querrudern und Landeklappen in denselben Steuerflächen mischen. Die Größe der Steuerflächen entspricht dabei der Größe normaler Streifenquerruder.

Luftbremsen

Bremsklappen erhöhen den Widerstand eines Modells und sind deshalb vor allem bei stromlinienförmigen Modellen mit geringem Widerstand sinnvoll. Sie erlauben eine schnel-

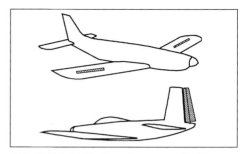

Abb. 177: Für die Anordnung von Luftbremsen am Modell gibt es kaum Beschränkungen, außer dass beim Betätigen der Bremsen keine Lastigkeitsänderungen auftreten sollten.

le Reduzierung der Fluggeschwindigkeit und eine bessere Steuerung der Geschwindigkeit im Sinkflug. Abb. 177 zeigt zwei Varianten: Klappen, die auf der Tragflächenoberseite ausgefahren oder aufgeklappt werden und ein Seitenruder, das aufgespreizt werden kann und im ausgefahrenen Zustand als Bremse wirkt.

Trotz ihrer relativ kleinen Fläche erzeugen Bremsklappen einen hohen Widerstand schon bei mäßigen Geschwindigkeiten. Die Wirkung von Bremsklappen nimmt im Quadrat zur Fluggeschwindigkeit zu.

Entscheidend für die Auslegung von Bremsklappen ist, dass die Klappen zwar möglichst viel Widerstand erzeugen sollen, aber ohne Lastigkeitsänderung des Modells. Die Fläche von Bremsklappen sollte ca. drei Prozent des Tragflächeninhalts betragen.

Ausgeglichene Steuerflächen

Wenn Steuerflächen an ihrer Nasenleiste gelagert sind, wirken beim Betätigen der Steuerfläche zum Teil erhebliche Kräfte, es sei denn, es handelt sich um besonders leichte oder langsame Modelle. Ein Ausgleich der Steuerflächen kann diese Kräfte verringern und ebenso die Gefahr, dass Steuerflächen zu flattern beginnen. Die zwei wichtigsten Ausgleichsarten sind der Massenausgleich und der aerodynamische Ausgleich.

Massenausgleich

Der Massenausgleich dient in erster Linie dazu, das Flattern von Steuerflächen zu verhindern. Davon wird noch weiter unten in diesem Kapitel die Rede sein. Der Ausgleich erfolgt durch das Anbringen von Gegengewichten an der Steuerfläche, um den Schwerpunkt der Steuerfläche in Richtung der Drehachse zu verlagern. Zwei typische Beispiele für den Massenausgleich an Steuerflächen zeigt Abb. 178.

Aerodynamischer Ausgleich

Für den aerodynamischen Ausgleich von Steuerflächen gibt es mehrere Möglichkeiten. Der aerodynamische Ausgleich verringert die Kraft, die zur Betätigung einer Steuerfläche im Flug aufgewendet werden muss. Das wird meist dadurch erreicht, dass die Drehachse der Steuerfläche hinter ihre Vorderkante verlegt wird. Bei Höhen- und Seitenrudern wird der Ausgleich oft auch dadurch erreicht, dass ein Teil der Steuerfläche vor der Drehachse liegt (Abb. 179, unten).

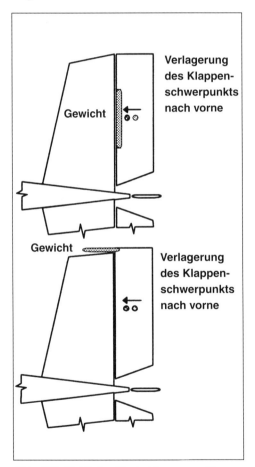

Abb. 178: Bei tiefen Ruderklappen sollte man an einen Massenausgleich der Klappen denken, besonders bei schnellen Modellen. Ausgleichsgewichte können in der Nasenleiste der Klappe befestigt werden oder nach vorne über die Klappe hinausragen.

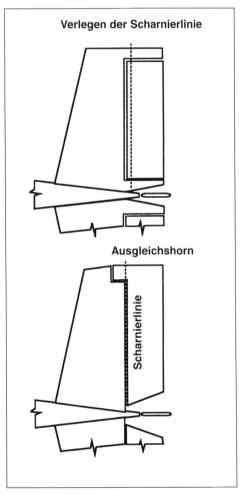

Abb. 179: Aerodynamischer Ausgleich durch Verlegen der Scharnierlinie oder durch Ausgleichshörner.

Abb. 180: Ausgleichshörner an Höhen- und Seitenruder des Big Fun, besonders wichtig, bei tiefen Steuerflächen. (Foto: Bill-Kits)

Abb. 182: Mein Modell der Bernhardt B2 ist mit Pendelhöhen- und -seitenleitwerk ausgestattet.

Die Wirkung ist die gleiche wie bei der Verlegung der Drehachse in die Steuerfläche, da ein Teil der Steuerfläche vor ihrem Druckpunkt liegt. Ein Beispiel hierfür zeigt Abb. 180.

Auslegungsfehler

Befindet sich die Drehachse zu nahe am Druckpunkt der Steuerfläche, kann der Druckpunkt beim Ausschlagen des Ruders vor die Drehachse wandern. Abb. 181 zeigt, wie die auf das Ruder wirkenden Kräfte versuchen, den Ruderausschlag zu vergrößern.

Diese Erscheinung wird ein RC-Pilot wohl kaum an seinem Modell feststellen können. Hier sollte der Konstrukteur bereits bei der Konzeption eines Modells entsprechende Überlegungen anstellen.

Pendelleitwerke

Pendelleitwerke haben eine ausgezeichnete Wirkung in allen Geschwindigkeitsbereichen. Sie wurden zuerst bei den frühen und meist sehr langsamen manntragenden Flugzeugen verwendet und später für den Einsatz bei schnellen Düsenflugzeugen wiederentdeckt, um einige Schwierigkeiten konventioneller Steuerorgane bei hohen Geschwindigkeiten zu vermeiden.

Wenn man ein Flugmodell mit Pendelhöhenleitwerke ausrüsten will, müssen zwei Dinge beachtet werden. Erstens: Die Steuerfläche muss aerodynamisch ausgeglichen sein. Das heißt, ein Viertel der Steuerfläche sollte sich vor, drei Viertel hinter der Drehachse des Steuerfläche befinden. Und zweitens: Das Pendelleitwerke muss sicher im Rumpf oder in der Seitenruderdämpfungsfläche gelagert werden. Der Ruderausschlag ist von der Fluggeschwindigkeit des Modells abhängig. Fünf Grad nach oben und unten sind für ein schnelles Modell ausreichend, bei langsamen Modellen können es bis zu zehn Grad oder sogar mehr sein. Das gleiche gilt für Pendelseitenleitwerke.

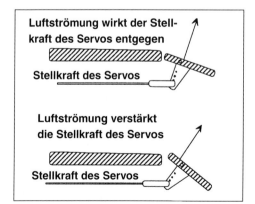

Abb. 181: Auslegungsfehler lassen sich im Konstruktionsstadium vermeiden.

Abb. 183: Pendelleitwerke müssen aerodynamisch ausgeglichen sein.

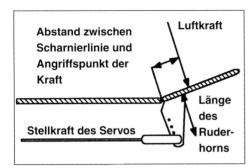

Abb. 184: Die vom Servo benötigte Stellkraft ist abhängig von Größe und Form der Steuerfläche, dem Ausschlagswinkel, und der Fluggeschwindigkeit des Modells.

Anlenkung von Steuerflächen

Die Stellkraft, die zur Betätigung einer Steuerfläche nötig ist, wird bestimmt durch die Luftkraft, die im Druckpunkt der Steuerfläche angreift und durch den Abstand des Druckpunkts zur Drehachse der Steuerfläche. Dieser Zusammenhang ist in Abb. 184 dargestellt. Die Stellkraft ist das Produkt aus der Kraft des Servos und dem Hebel des Ruderhorns. Je kleiner die Luftkraft und ihr Abstand von der Drehachse, desto weniger Stellkraft ist nötig, um das Ruder bei einer gewissen Geschwindigkeit zu betätigen.

Normalerweise besitzen Servos reichlich Kraft, um mit den auftretenden Kräften fertig zu werden. Die Stellkraft von Microservos ist jedoch deutlich geringer als die von Standardservos und besonders große Modelle benötigen auch besonders starke Servos zur Betätigung der Steuerflächen. Die benötigte Stellkraft der Servos kann berechnet werden, bei Sportmodellen ist das aber in der Regel nicht nötig, wenn folgende Faktoren berücksichtigt werden.

Die benötigte Stellkraft ist direkt proportional zur Tiefe der Steuerfläche. Eine lange und schmale Steuerfläche erfordert also eine geringere Stellkraft als eine kurze aber dafür tiefe Steuerfläche. Geben Sie also Steuerflächen mit hoher Streckung den Vorzug. Die Luftkraft ist proportional zum Quadrat der Fluggeschwindigkeit. Wenn sich die Fluggeschwindigkeit verdoppelt, z. B. im Sturzflug, ist zur Betätigung der Steuerfläche die vierfache Kraft nötig.

Eine hohe Belastung der Steuerflächen kann dazu führen, dass die Anlenkungen klemmen oder die Gestänge sich verbiegen, im schlimmsten Fall kann sie größer sein als die Stellkraft des Servos. Spiel in der Anlenkung kann sich durch Ruderflattern bemerkbar machen. Schwachstellen machen sich meist bei hohen Geschwindigkeiten bemerkbar und dann sind auch die Konsequenzen schwerwiegend. Im Extremfall kann es passieren, dass im Sturzflug die Last auf dem Höhenruder so groß ist, dass sich die Anlenkung verbiegt und das Modell nicht mehr abgefangen werden kann. Es ist also sicherer, wenn die Anlenkung des Höhenruders beim Ausschlag nach oben auf Zug und nicht auf Druck beansprucht wird. Beim durchschnittlichen Modell, das mit Standardservos ausgerüstet ist, sollte es aber keine Schwierigkeiten geben. Beim Einbau von Microservos oder allgemein von weniger leistungsfähigen Servos sollten Sie sich auf jeden Fall Gedanken über die Fluggeschwindigkeit Ihres Models und einen aerodynamischen Ausgleich der Ruder machen.

Flattern

Flattern ist eine Erscheinung, die vor allem in Verbindung mit hoher Fluggeschwindigkeit auftritt und die katastrophale Auswirkungen haben kann. Flattern tritt auf, wenn:

- diese Erscheinung beim Entwurf eines Modells außer Acht gelassen wird; das ist vor allem bei schnellen Modellen problematisch.
- die Festigkeit von Bauteilen geändert oder andere Änderungen an einer erprobten Konstruktion vorgenommen werden.
- ein stärkerer Antrieb in ein Modell eingebaut wird und das Modell seine erprobte Höchstgeschwindigkeit überschreitet
- Spiel in den Anlenkungen vorhanden ist.

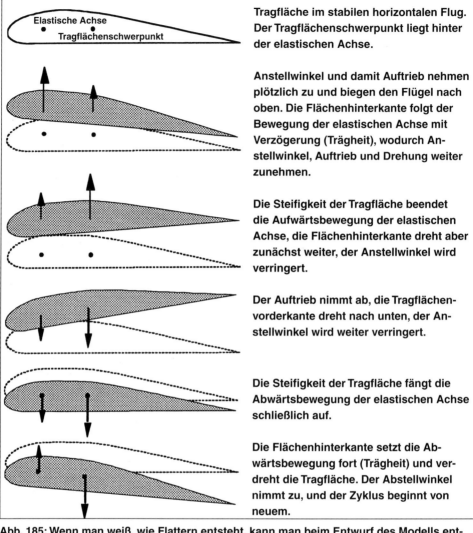

Abb. 185: Wenn man weiß, wie Flattern entsteht, kann man beim Entwurf des Modells entsprechende Maßnahmen treffen.

Flattern ist ein heftiges Vibrieren der Zelle und/oder der Steuerflächen, das durch ein Zusammenwirken von Masse und aerodynamischen Kräften entsteht. In der Praxis bedeutet das in der Regel, dass Anlenkung oder Lagerung von Quer- oder Höhenruder versagen, was von einem lauten Summen begleitet wird. Das Flugmodell wird daraufhin unsteuerbar und berührt unsanft den Boden. Am Flugmodell treten v.a. drei Arten des Flatterns auf.

Torsionsschwingung des Tragflügels

Diese Art der Flatterns entsteht bei zu geringer Torsionssteifigkeit der Tragflächen. Der Vorgang ist in Abb. 185 dargestellt. Das Flattern lässt sich vermeiden, wenn die Flügel so steif sind, dass die Geschwindigkeit, bei der das Flattern einsetzt, deutlich über der Höchstgeschwindigkeit des Modells liegt.

Abb. 186: Flattern am Pendelhöhenleitwerk führt zu einem vorzeitigen Ende dieses Fluges.

Torsionsschwingung der Querruder

Ein Flattern der Querruder tritt bei Flugmodellen am häufigsten auf (Abb. 187).

Dabei verläuft die zweite Hälfte des Zyklus ganz ähnlich wie die erste, nur in entgegengesetzter Richtung. Querruderflattern kann vermieden werden durch:

- Massenausgleich der Querruder
- Verlagerung der Drehachse, so dass sich der Schwerpunkt auf oder knapp vor der Drehachse befindet
- Spielfreie und steife Querruderanlenkung

Bei Modellen ist eine Verlagerung der Drehachse in die Querruder nicht üblich und ein Massenausgleich recht kompliziert. Eine spielfreie und steife Querruderanlenkung dagegen ist machbar und reicht in den meisten Fällen aus, um Querruderflattern zu unterbinden.

Biegeschwingung auf den Querrudern

Diese Art des Flatterns ist der erstgenannten ähnlich und wird in Abb. 188 dargestellt. Das Flattern entsteht dadurch, dass das Querruder mit einiger Verzögerung der Auf- und Ab-Bewegung der Außenflügel folgt. Diese Art des Flattern tritt häufig bei Modellen mit Tragflächen hoher Streckung auf.

Flattern von Höhen- und Seitenruder

Flattern kann nicht nur am Flügel, sondern auch an Höhen- und Seitenruder auftreten, obwohl die Leitwerksdämpfungsflächen meist steifer sind als der Flügel. Flattern tritt nur dann auf, wenn eine kritische Geschwindigkeit überschritten wird, weshalb hauptsächlich

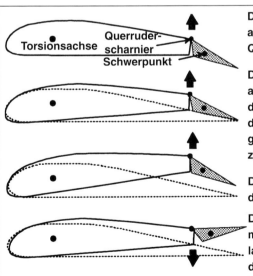

Das Querruder ist leicht nach unten ausgeschlagen und belastet das Querruderscharnier.

Der Flügel verdreht sich um die Torsionsachse. Da der Schwerpunkt des Querruders hinter der Scharnierlinie liegt, folgt das Querruder der Bewegung mit Verzögerung, wodurch Auftrieb und Drehung zunehmen.

Die Torsionssteifigkeit der Tragfläche beendet die Drehung.

Die Trägheit des Querruders, die Luftströmung und das Spiel in der Anlenkung lassen das Querruder ausschwingen und die Tragfläche wird in die entgegengesetzte Richtung verdreht.

Abb. 187: Spiel in den Anlenkungen begünstigt ein Flattern der Steuerflächen.

schnelle Flugzeuge von dieser Erscheinung betroffen sind. Tritt es bei Sportmodellen auf, ist in der Regel Spiel in den Anlenkungen die Ursache.

Ein Flattern der Ruder lässt sich vermeiden, wenn Sie die folgenden Tipps beachten:

- Vermeiden Sie tiefe Steuerflächen, bei denen der Schwerpunkt weit hinter der Drehachse liegt.
- Sorgen Sie für ausgeglichene Steuerflächen (Massenausgleich oder aerodynamischer Ausgleich).
- Achten Sie bei der Konstruktion von Flügeln mit hoher Streckung auf ausreichende Torsionssteifigkeit

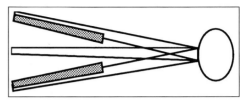

Abb. 188: Besonders gefährlich ist es, wenn Tragfläche und Querruder von Flattererscheinungen betroffen sind.

- Vermeiden Sie Spiel in den Anlenkungen
- Bei langsam fliegenden Modellen spielt all das keine große Rolle. Es ist unwahrscheinlich, dass hier Flattererscheinungen auftreten.

Ich habe nicht das Modell gemeint als ich sagte ‚Mach' die Flatter!'

8 Das richtige Material

Baumaterial für Modelle

Bei der Wahl des Baumaterials für ein neues Modellprojekt spielen vor allem die Vorlieben des Konstrukteurs und die Anforderungen an das Modell eine Rolle. Zum Beispiel bauen manche Modellbauer ihre Modelle grundsätzlich aus Balsa und Kiefer, andere verwenden lieber Styropor. Bei besonders schnellen Modellen werden häufig GFK und Kohlefaser verarbeitet, ein langsamer Oldtimer wird dagegen stilgerecht in konventioneller Holzbauweise ausgeführt.

Anhand dieser Beispiele wird deutlich, dass es das „richtige" Material eigentlich nicht gibt. Aber natürlich eigenen sich bestimmte Materialien für einen bestimmten Zweck (oder für bestimmte Modellbauer) besser als andere.

Vor allem aber kommt es auf die Festigkeit des Materials an, das den Beanspruchungen im Flugbetrieb gewachsen sein muss.

Die meisten Konstruktionen sind schwanzlastig, wenn nicht schon bei Konstruktion und Bau auf Gewichtseinsparung am Heck des Modells geachtet wird. Zur Korrektur des Schwerpunkts muss bei konventionellen Modellen in der Nase eines Modells (schwanzlastig) zwei- oder dreimal soviel Ballast hinzugefügt werden wie im Heck (kopflastig).

Dimensionierung des Materials

Gewicht ist der Feind des Fliegens, deshalb ist die richtige Dimensionierung des Baumaterials besonders wichtig. Abb. 189 ist ein eindrucksvolles Beispiel für den Zusammenhang zwischen den Abmessungen und dem Gewicht von Körpern. Belastungstests sind nicht Thema dieses Buches und in Wirklichkeit ist die Festigkeit etlicher Bauteile eines Modells nur deshalb nötig, damit es den Transport zum Flugplatz und zurück heil übersteht.

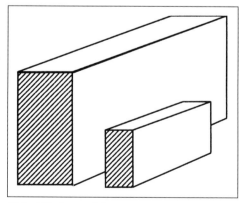

Abb. 189: Das größere Kantholz ist doppelt so groß wie das kleine Kantholz, wiegt aber achtmal so viel. Das gilt für jedes Material.

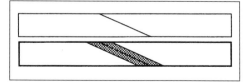

Abb. 190: Wenn Leisten nicht in der gewünschten Länge erhältlich sind, werden sie durch Schäften verlängert und ggf. zusätzlich an der Verbindungsstelle verstärkt.

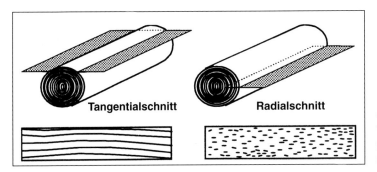

Abb. 191: Bei der Festigkeit des Balsaholzes kommt es auf die Schnittrichtung an.

Dieses Kapitel enthält eine Reihe von Tabellen, in denen Standardgrößen und Gewicht verschiedener Materialien angegeben werden. Nutzen Sie diese Tabellen, um das richtige Material für die jeweilige Aufgabe auszuwählen. Auch über die Länge, in der das Baumaterial üblicherweise erhältlich ist, sollten Sie sich beim Bau eines Modells Gedanken machen.

Wenn ein Modell eine Spannweite von unter zwei Metern hat, können die Holme ohne Schwierigkeiten aus den gängigen einen Meter langen Kiefernleisten angefertigt werden. Bei einer Spannweite über zwei Metern steigen Anschaffungskosten für das Material bereits um 50%. Natürlich ist das Material meist auch in Überlängen erhältlich, aber zu einem höheren Preis.

Art	Dichte	Dicke und Gewicht							
		0,8 mm	1,5 mm	2,5 mm	3 mm	4,5 mm	6 mm	9 mm	12 mm
	g/cm³	g	g	g	g	g	g	g	g
sehr weich	0,08	5	11	17	21	32	42	64	85
weich	0,11	7	14	22	28	42	57	85	113
mittel	0,14	9	18	28	35	54	71	106	142
mittel	0,17	11	21	33	42	64	85	127	170
hart	0,2	12	25	39	50	74	99	149	198
sehr hart	0,23	14	28	57	60	85	113	170	226

Art	Dichte	Dicke und Gewicht							
		1/32"	1/16"	3/32"	1/8"	3/16"	1/4"	3/8"	1/2"
	lb/ft³	oz	oz	oz	oz	oz	oz	oz	oz
sehr weich	6	0,19	0,38	0,56	0,75	1,13	1,5	2,25	3,0
weich	8	0,25	0,5	0,75	1,0	1,5	2,0	3,0	4,0
mittel	10	0,31	0,63	0,94	1,25	1,9	2,5	3,75	5,0
mittel	12	0,38	0,75	1,13	1,5	2,25	3,0	4,5	6,0
hart	14	0,44	0,88	1,3	1,75	2,6	3,5	5,25	7,0
sehr hart	16	0,5	1,0	1,5	2,0	3,0	4,0	6,0	8,0

Tabelle 15: Gewichtsvergleich verschiedener Balsaqualitäten. Die Angaben beziehen sich auf in England übliche Balsabrettchen von 90 cm Länge.

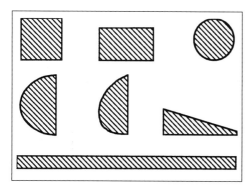

Abb. 192: Balsa ist in Form von Leisten, Rundstäben, gefrästen Nasen- oder Endleisten mit unterschiedlichen Querschnitten oder als Brettchen erhältlich.

Balsa

Balsa ist ein traditionelles Material des Flugmodellbauers. Es ist leicht, lässt sich gut schneiden und schleifen und hat, gemessen an seinem Gewicht, eine höhere Festigkeit als Stahl. Balsa zählt aufgrund seiner dichten Maserung zu den Harthölzern. Es eignet sich hervorragend für den Bau von Rumpfspanten, Tragflächenrippen, Leitwerksteilen etc. In Form von Leisten kann es auch zur Herstellung von Holmen, Nasen- und Endleisten sowie Rumpfgurten verwendet werden. Balsa ist in unterschiedlicher Festigkeit erhältlich, die von der Schnittrichtung des Holzes abhängt. Beim Radialschnitt verlaufen die Jahresringe senkrecht zur Oberfläche, beim Tangentialschnitt fast parallel. Der Radialschnitt ergibt sehr harte, steife Brettchen, der Tangentialschnitt weiche, biegsame.

Die Dichte von Balsaholz kann sehr unterschiedlich sein, deshalb sollte Balsa je nach Anwendungsfall sorgfältig ausgewählt werden. Tabelle 15 zeigt den Gewichtsunterschied bei Balsaholz unterschiedlicher Dichte. Durch eine sorgfältige Auswahl des Baumaterials kann man das Gewicht eines Modells erheblich senken.

Die folgende Aufzählung zeigt typische Anwendungsfälle für unterschiedliche Balsaqualitäten:

- Sehr weich – Motorhauben, Ranbogen und andere Formteile aus Balsaklötzen
- Weich – Tragflächenrippen und Leitwerksdämpfungsflächen
- Mittel – Endleisten, Spanten, Brettrümpfe und Vollbalsaflächen
- Mittelhart – Tragflächenholme und Rumpfgurte
- Hart – Hauptholme und Nasenleisten

Balsa ist in Form von gefrästen Leisten mit unterschiedlichen Querschnitten, als Brettchen oder Klotz erhältlich. Einige Beispiele zeigt Abb. 192. Einfache Leisten mit quadratischem oder rechteckigem Querschnitt können aus Brettchen geeigneter Dicke selbst geschnitten werden, speziell gefräste Profile, insbesondere für Nasen- und Endleisten, sparen beim Bau eine Menge Zeit.

Abachi

Abachi ist ein relativ grob gefasertes, weiches und relativ leichtes Holz. Es wiegt etwa so viel wie sehr hartes Balsa und wird hauptsächlich als Furnier für die Beplankung von Styroporflächen verwendet. Es ist in unterschiedlichen Dicken im Holzfachhandel oder bei Firmen erhältlich, die sich auf den Modellbau spezialisiert haben und die in der Fachpresse inserieren.

Dicke		Gewicht	
mm	in	g/cm²	oz/in²
0,4	1/64	0,3	0,08
0,8	1/32	0,6	0,16
1,0	1/24	0,75	0,2
1,5	1/16	1,1	0,25
3,0	1/8	2,2	0,5
6,0	1/4	4,3	1

Tabelle 16: Das Gewicht von Sperrholz unterschiedlicher Dicke.

Leichtsperrholz

Leichtsperrholz, in der Regel Pappelsperrholz, ist eine günstige und besonders leichte Alternative zu herkömmlichem Sperrholz. Zwei Millimeter dickes Material wiegt nur etwa 850 g/m². Seine Festigkeit ist allerdings deutlich geringer als die von normalem Sperrholz. Es wird häufig zur Herstellung leichter Rumpfspanten verwendet. Leichtsperrholz ist in unterschiedlichen Dicken und Plattengrößen erhältlich.

Eine andere Art von Leichtsperrholz kann der Modellbauer selbst anfertigen, und zwar aus Balsa. Dabei werden Balsabrettchen so miteinander verklebt, dass die Maserung der einzelnen Brettchen im Winkel von 90° zueinander verläuft. Als Klebstoff eignet sich Kontaktkleber, da er keine Feuchtigkeit enthält und sich das Holz durch den Klebstoff nicht verziehen kann. Balsasperrholz ist sogar noch leichter als im Handel erhältliches Leichtsperrholz. Leichtsperrholz kann auch aus einer Kombination von Balsa und dünnem Sperrholz bestehen.

Leichtsperrholz wird hauptsächlich zur Herstellung von Rumpfspanten, Rumpfseiten, Leitwerksteilen und sogar Rippen verwendet.

Sperrholz

Sperrholz besteht aus mindestens drei, im Faserverlauf gekreuzt miteinander verklebten Furnierschichten. Sperrholz ist in unterschiedlicher Qualität erhältlich. Je hochwertiger ein

mm	in	mm	in
1,5 × 1,5	1/16 × 1/16	3 × 12	1/8 × 1/2
1,5 × 3	1/16 × 1/8	3 × 15	1/8 × 5/8
1,5 × 6	1/16 × 1/4	6 × 6	1/4 × 1/4
1,5 × 12	1/16 × 1/2	6 × 10	1/4 × 3/8
2,5 × 2,5	3/32 × 3/32	6 × 12	1/4 × 1/2
2,5 × 5	3/32 × 3/8	8 × 8	5/16 × 5/16
2,5 × 12	3/32 × 1/2	10 × 10	3/8 × 3/8
2,5 × 15	3/32 × 5/8	10 × 12	3/8 × 1/2
3 × 3	1/8 × 1/8	10 × 15	3/8 × 5/8
3 × 6	1/8 × 1/4	12 × 12	1/2 × 1/2
3 × 10	1/8 × 3/8	15 × 15	5/8 × 5/8

Tabelle 17: Kiefernleisten in unterschiedlichen Größen werden als Holm- und Rumpfgurte verwendet.

Sperrholz ist, desto mehr Schichten hat es bei gleicher Dicke. In Tabelle 16 finden Sie eine Aufstellung gängiger Materialdicken mit Gewichtsangabe.

Sperrholz wird für die Herstellung hoch belasteter Bauteile verwendet, z. B. für Motorspanten, Fahrwerkspanten oder Flächenverbinder.

Aufgrund seines höheren Gewichts sollten Sie, wenn möglich, Erleichterungsbohrungen in den Bauteilen vorsehen und Sperrholz hauptsächlich im vorderen Rumpfbereich einsetzen.

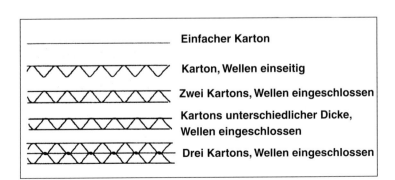

Abb. 193: Karton in verschiedenen Ausführungen, die Stabilität des Materials nimmt von oben nach unten zu.

Kiefer

Kiefernholz ist relativ leicht, besitzt eine höhere Festigkeit als Balsa und wird im Flugmodellbau für Rumpfgurte und den Aufbau von Tragflächenholmen verwendet. Kiefernleisten sind in vielen Abmessungen erhältlich, Überlängen gibt es im Holzfachhandel oder im Baumarkt.

Buche

Buchenholz hat eine feine, enge und gleichmäßige Maserung. Aufgrund seiner Festigkeit wird es als Motorträger verwendet und als Fahrwerksträger in Rippen- und Styroporflächen. Für Buchenleisten gibt es keine einheitlichen Standardmaße, gut erhältlich sind Leisten mit rechteckigem oder quadratischem Querschnitt und einer Kantenlänge von 6 bis 18 mm. Buchenrundstäbe in kleinen Durchmessern werden als Flächendübel eingesetzt.

Karton

Karton gibt es in vielen verschiedenen Materialdicken und Qualitäten. Je nach Festigkeit und Ausführung kann das Material in vielen Bereichen des Modellbaus eingesetzt werden. Es wurden sogar schon Flugmodelle komplett aus farbig bedrucktem Papierlaminat mit einer speziellen, kraftstoffresistenten Oberflächenbeschichtung angeboten.

Karton ist ein preiswertes Material, auch ausgediente Verpackungen aller Art können als Rohstofflieferant genutzt werden.

Kunststoffe

Schaumstoffe

Von den Schaumstoffen wurde zunächst weißes Styropor zur Herstellung von Flächenkernen verwendet. Stabiler, unempfindlicher gegen Druckbelastung, aber auch schwerer und teurer als Styropor ist das blaue Styrodur, das sich aufgrund seiner höheren Festigkeit besser für Flächen mit hoher Streckung eignet. Mit ausreichend dimensionierten Balsaholmen und einer Folienbespannung versehen, eignen sich die leichten Tragflächen besonders für Elektromodelle.

Aber nicht nur Tragflächen, sondern auch Rumpfrücken, Leitwerke und andere Bauteile eines Flugmodells können aus Schaumstoffen geschnitten werden. Je nachdem, welche Festigkeit ein Bauteil haben soll, können Schaumstoffkerne mit Folie, Packpapier, Karton, Balsa oder Abachi bespannt oder beplankt werden. Beplankungen können mit Kontaktkleber aufgebracht werden, wenn sichergestellt ist, dass der Klebstoff das Material nicht angreift. Styrodur ist, wie gesagt, schwerer als Styropor, besitzt aber eine höhere Festigkeit. Es sollte deshalb nur dort eingesetzt werden, wo es mehr auf Festigkeit als auf Gewicht ankommt. Zur Erleichterung kann das Material an geeigneten Stellen ausgeschnitten werden.

Schaumstoffe gibt es in Platten unterschiedlicher Abmessungen und Dicke. Verwenden Sie nach Möglichkeit weder besonders schweres noch recyceltes Material.

Schaumstoffplatten

Schaumstoffplatten gibt es im Künstlerbedarf. Sie bestehen aus einem Schaumstoffkern, der beidseitig mit dünnem Karton beschichtet ist. Polyboard ist einer der bekannteren Handelsnamen dieses Materials. Die Platten sind normalerweise 3 oder 5 mm dick und in Abmessungen von 1.000×1.500 mm erhältlich. Die 5-mm-Platten haben ein Gewicht von 7 g/cm², 3-mm-Platten wiegen 5 g/cm². Das Material lässt sich gut schneiden und eignet sich gleichermaßen für Rumpfspanten und Flächenrippen. Offene Schnittkanten sollten mit Balsa- oder Kiefernleisten geschützt werden.

Kunststoffe und Tiefziehtechnik

Am Flugmodell finden sich eine ganze Reihe von Teilen, die aus modernen Kunststoffen hergestellt werden: Tragflächenschrauben,

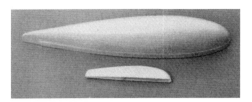

Abb. 194: Randbögen für Tragfläche und Höhenleitwerk aus ABS sind besonders leicht.

Ruderscharniere, Ruderhörner, Bowdenzüge etc. Uns interessieren allerdings mehr die Arten von Kunststoffen, die zur Herstellung von Tiefziehteilen geeignet sind. Kabinenhauben werden in der Regel über Holzformen tiefgezogen, ebenso wie Motorhauben, Radverkleidungen oder ähnliche Bauteile, die sich in Modellbaukästen finden. Diese Teile lassen sich mit etwas Glück und Einfallsreichtum auch aus entsprechend geformten Getränke- und Lebensmittelverpackungen anfertigen.

Meist genügt es, das Material zu erwärmen und zügig über den Formstempel zu ziehen. Der Stempel darf keine Hinterschneidungen aufweisen, da sich das erkaltete Material sonst nicht mehr von der Form lösen lässt. Das Verkleben von Tiefziehteilen muss mit besonderer Sorgfalt erfolgen. Dabei kommt es auf die Wahl des richtigen Klebstoffes an und darauf, dass die zu verklebenden Teile gründlich entfettet werden. Für den Flugmodellbau kommt Material in Dicken von 0,75 bis 2 mm in Frage. Die wichtigsten Kunststoffe sind:

ABS
ABS wird häufig zur Herstellung von Bauteilen für Modellbaukästen verwendet. Und das aus gutem Grund: Das Material besitzt eine ausreichende Festigkeit, ist gut verformbar und preiswert.

Acetat
Acetat ist ein durchsichtiges Kunststoffmaterial, aus dem vor allem Kabinenhauben hergestellt werden. Es lässt sich gut verarbeiten, hat gute optische Eigenschaften und ist außerdem preiswert.

Acrylglas
Das bekannteste Acrylglas ist Perspex™, es gibt aber eine ganze Reihe weiterer klarer, lichtdurchlässiger und opaker Materialien, die zur Herstellung stabiler Bauteile geeignet sind.

Polycarbonat
Polycarbonat besitzt eine sehr hohe Festigkeit, ist schwieriger zu verarbeiten als andere Thermoplaste und etwa doppelt so teuer. Es ist temperaturbeständig bis etwa 120° und wird für die Kabinen von RC-Helicoptern und für RC-Car-Chassis verwendet. Das klare Material wird mit speziellen Polycarbonat-Farben von innen lackiert.

PVC
PVC ist einer der meist produzierten Kunststoffe. Erst vor relativ kurzer Zeit wurde seine Eignung zur Herstellung von Kabinenhauben entdeckt. PVC ist preiswert und lässt sich nach dem Erwärmen gut verformen.

Styrol
Aus diesem Material werden die bekannten Plastikmodelle hergestellt. Es ist als weißes Plattenmaterial in unterschiedlichen Dicken erhältlich. Es ist billig, hat eine hohe Festigkeit und die Spritzgussteile zeichnen sich durch eine hohe Detailtreue aus.

Andere Kunststoffe
Weitere Anwendungsbereiche für Kunststoffe sind die Herstellung von Flächenkernen und Bügel- oder Klebefolien. Einige bekanntere Kunststoffe werden im folgenden beschrieben.

Geschäumtes Polystyrol (Styropor)
Ein sehr leichter Kunststoff, der sich am besten mit einem heißen Draht in Form schneiden lässt, man kann aber auch ein scharfes gezahntes Messer oder eine Rasierklinge nehmen. Das Material wird gerne zur Herstellung von Flächenkernen verwendet, und man erhält es

in weiß und mit höherer Dichte und etwa doppeltem Gewicht in blauer Farbe. Die Dichte des Schaums ist unterschiedlich, bei weißem Schaum liegt sie bei etwa 2 kg/m³.

Polyester
Bekannt ist Polyester vor allem als gefärbtes und ungefärbtes Harz zur Verarbeitung von Glasgewebe und -matten. Es wird auch in Form von Platten hergestellt und ist Ausgangsmaterial für viele Bügelfolien. Auch blasgeformte Sprudelflaschen bestehen aus Polyester.

Polycarbonat
Ein sehr zäher und praktisch unzerbrechlicher Kunststoff, der im kommerziellen und häuslichen Bereich weit verbreitet ist. Aus dem Plattenmaterial wird z. B. Solarfilm hergestellt.

GFK (glasfaserverstärkter Kunststoff)
GFK besitzt eine Reihe von Eigenschaften, die vom Materialtyp und dem verwendeten Harz abhängen. Die im Harz eingebetteten Glasfasern sind erhältlich in Form von Matten, Gewebe und Rovings. Als Matten bezeichnet man regellose gebundene Glasfasern. Rovings sind parallel liegende Fasern oder Faserstränge, Gewebe sind zu Bahnen verwobene Glasfasern, wobei verschiedene Webarten möglich sind. Zur Verarbeitung der Glasfasern wird Polyester- oder Epoxydharz verwendet. GFK-Laminate werden zur Herstellung von Motorhauben, Radverkleidungen, aber auch von Rümpfen und Tragflächen verwendet, ebenso zur Verstärkung hoch belasteter Teile, wie Fahrwerken oder zur Versteifung von Ruderklappen etc. Ein gewisser Aufwand entsteht durch den Bau der benötigten Formen, der macht sich aber bezahlt, wenn aus der Form identische Teile in fast beliebiger Menge hergestellt werden können. Im Elektronikbereich wird GFK in Form von Leiterplatten verwendet, ein ideales Ausgangsmaterial für Ruderhörner, Motorspanten etc.

Abb. 195: Ein Kühler aus GFK; die Ein- und Auslassöffnungen sind noch nicht ausgeschnitten.

GFK besitzt viele Eigenschaften, die es für den Flugmodellbauer interessant machen:

- hohe Festigkeit bei geringem Gewicht
- hohe Stoßfestigkeit und Verformbarkeit
- geeignet sowohl für Einzelteile als auch komplette Flugzeuge
- kraftstoffbeständig
- wasserfest
- formstabil
- durchlässig für Funksignale
- färb- und lackierbar
- einfache Verarbeitung

Wer mit diesen Materialien arbeitet, muss sich mit drei Themen befassen:

- der benötigten Festigkeit
- dem zulässigen Gewicht
- dem Bau der Form

Die ersten beiden Punkte sind ausschlaggebend für die Dicke des Bauteils.

Festigkeit
GFK-Teile für Modellflugzeuge sollten möglichst leicht bei ausreichender Festigkeit sein. Das kann zum Teil schon durch die Form des Bauteils erreicht werden. Dreidimensional gekrümmte Bauteile besitzen von Natur aus eine gewisse Stabilität (Abb. 196).

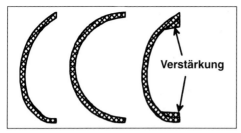

Abb. 196: Ein ovaler oder kreisförmiger Rumpfquerschnitt ergibt einen besonders stabilen Rumpf. Beanspruchte Stellen können zusätzlich verstärkt werden.

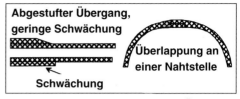

Abb. 197: Verbindungsstellen und Übergänge in GFK-Technik müssen besonders sorgfältig ausgeführt werden.

Die Festigkeit eines Bauteils kann ggf. durch zusätzliche Gewebelagen erhöht werden. Dabei sollten die Gewebelagen abgestuft bis zur endgültigen Materialdicke aufgebracht werden. Eine übergangslose Änderung der Materialdicke führt zur Schwächung des Bauteils an der Stelle, an der sich die Materialdicke ändert. Abb. 197 zeigt Beispiele für die Änderung der Materialdicke und das Verkleben von Bauteilen. Ein stumpfes Verkleben der Bauteile ist nicht ratsam.

Geschätzte Materialdicke

Die voraussichtliche Laminatdicke eines Bauteils kann relativ genau vorhergesagt werden. Entsprechende Werte finden Sie in Tabelle 18.

Die Dicke eines Laminats aus unterschiedlichen Materialien lässt sich nicht so leicht schätzen. Tabelle 19 gibt hier einige Anhaltspunkte.

Geschätztes Gewicht

Das Gewicht eines bestimmten Bauteils kann anhand von Tabelle 20 berechnet werden, wenn seine Oberfläche und die Anzahl der Gewebelagen des Laminats bekannt sind.

Festigkeit

Die Festigkeit des GFK-Laminats hängt vom verwendeten Material, der Anzahl und Ausrichtung der Lagen und dem Faseranteil (Verhältnis von Harz zu Glasfaser) ab und natürlich vom Geschick des Modellbauers.

Lagen	g/m²	oz/ft²	mm	in
1	300	1	0,6	1/40
	450	1 ½	1	1/25
2	300	1	1,2	1/20
	450	1 ½	2	1/12
3	300	1	1,8	1/14
	450	1 ½	3	1/8

Tabelle 18: Die Dicke eines Laminats aus Glasfasermatten hängt von der Art der Matten, der Anzahl der Lagen und dem Harzanteil ab.

Lagen	g/m²	oz/ft²	mm	in
1	127	0,4	0,4	1/64
2			0,75	1/32
3			1	1/24
4			1,5	1/16
1	200	0,7	0,4	1/64
2			0,8	1/32
3			1,2	1/20
4			1,6	1/15
1	300	1	0,6	1/48
2			1,2	1/20
3			1,8	1/14
4			2,5	3/32

Tabelle 19: Die Dicke eines Laminats aus unterschiedlichen Materialien lässt sich nur schwer schätzen.

Material	g/m²	oz/ft²	g/m² (1 Lage + Deckschicht)	oz/ft² (1 Lage + Deckschicht)
Glasmatte	300	1	1.626	5 ¾
	450	1 ½	2.166	7 ½
Glasgewebe	127	0,4	1.006	3 ½
	200	0,7	1.191	4 ¼
	300	1	1.347	4 ¾
Rovings	290	1	1.337	4 ¾
	600	2	1.870	6 ½

Tabelle 20: Das Gewicht unterschiedlicher GFK-Laminate.

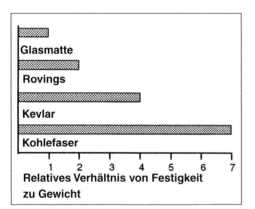

Abb. 198: Kevlar und Kohlenstofffasern bieten bei gleichem Laminatgewicht eine erheblich höhere Festigkeit.

Material	Relatives Gewicht	Relative Zug-festigkeit	Relative Druck-festigkeit
Rovings	1	2	1
Glasgewebe	1	3	1,7
Glasmatte	1,4	1	1
Aluminium	1,93	0,8	0,6
Stahl	5,58	4	2.7

Tabelle 21: Relatives Gewicht und relative Festigkeit von GFK im Vergleich zu Aluminium und Stahl.

Man unterscheidet drei Arten von Glasfaser-Material:

- **Unidrektional:** Die Fasern der Rovings sind so ausgerichtet, dass sie in einer Richtung maximale Festigkeit bieten.
- **Bidirektional:** Im Gewebe sind die Fasern rechtwinklig miteinander verwoben (Standard-Gewebe). Dieses Gewebe bietet in allen Richtungen nahezu gleiche Festigkeit.
- **Regellos:** Regellos gebundene Glasfasern (Glasmatten) ergeben bei gleicher Dicke weniger Festigkeit als bidirektionales Gewebe.

Andere Fasertypen

In Abb. 198 wird die Festigkeit verschiedener Fasern im Verhältnis zu ihrem Gewicht bei Verarbeitung mit demselben Harz dargestellt. Verglichen werden GFK-Matten/Gewebe, Rovings, Kevlar und Kohlenstofffasern. Dabei zeigt sich eindeutig die Überlegenheit von Kevlar und Kohlefasern. Bedingt durch den wesentlich höheren Preis dieser Fasertypen werden sie in der Regel gezielt zur Verstärkung hoch belasteter Stellen eingesetzt. Ein typisches Beispiel sind Holmverstärkungen bei Tragflächen hoher Streckung.

Kohlefasern, Kevlar oder auch Glasfaserstränge können sowohl zur Verstärkung von

Material	g/cm³	oz/in³	Material	g/cm³	oz/in³
Blei	11,4	6,56	Birkensperrholz	0,9	0,528
Messing	8,3	4,8	Buche	0,83	0,48
Stahl	7,89	4,56	Kiefer	0,55	0,32
Aluminium	2,6	1,5	Balsa (mittel)	0,14	0,08

Tabelle 22: Das Gewicht verschiedener im Flugmodellbau verwendeter Materialien.

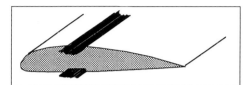

Abb. 199: Kohlerovings werden z. B. zur Verstärkung von Styroporflächen verwendet.

Styroporflächen als auch von konventionellen Rippenflächen aus Holz verwendet werden. Bei der Verarbeitung von Styroporflächen muss darauf geachtet werden, dass sich das Harz mit dem Styropor verträgt (Epoxydharz).

Metalle

Für Stahl gibt es zahlreiche Verwendungsmöglichkeiten im Flugmodellbau, so z. B. bei Fahrwerken aus Federstahl, Schrauben und Muttern, Leitwerksverbindern, Gabelköpfen etc., während im Großflugzeugbau aufgrund des ausgezeichneten Verhältnisses von Festigkeit zu Gewicht vorwiegend Aluminiumlegierungen üblich sind. Im Modellbau findet man Aluminiumlegierungen hauptsächlich in Form von Motorträgern und Fahrwerksbeinen. Messingröhrchen werden im Bereich der Kraftstoffversorgung und als Fahrwerksstreben verwendet, Blei dient traditionell zur Korrektur des Modellschwerpunkts. Tabelle 22 bietet einen Überblick über die spezifischen Gewichte von verschiedenen im Modellbau üblichen Metallen und Holzarten.

Aluminiumlegierungen

Aluminium wird im Modellbau vorwiegend in Form von Platten unterschiedlicher Dicke

Dicke		Gewicht	
mm	SWG*	kg/m²	oz/ft²
3,2	10	8,3	27,2
2,6	12	6,7	22
2	14	5,2	17
1,6	16	4,1	13,6
1,2	18	3,1	10,2
0,9	20	2,3	7,6
0,7	22	1,8	5,9
0,01	0,004	0,025	0,08

* Standard Wire Gauge

Tabelle 23: Das Gewicht verschieden dicker Aluminiumplatten.

Durchmesser		Gewicht	
mm	SWG*	g/m	oz/36"
5	6	147	4,75
4	8	102	3,3
3	10	66	2,1
2,5	12	43	1,4
2	14	26	0,85
1,5	16	16	0,5
1,2	18	9	0,25
1	20	6	0,2

* Standard Wire Gauge

Tabelle 24: Das Gewicht von Federstahldraht in verschiedenen Durchmessern.

mm	in	mm	in
1,5	1/16	9,5	3/8
2,4	3/32	10,3	13/32
3	1/8	11	7/16
4	5/32	12	15/32
4,75	3/16	12,5	1/2
5,5	7/32	13,5	17/32
6,4	1/4	14,25	9/16
7	9/32	15	19/32
8	5/16	16	5/8
8,75	11/32	16,7	21/32

Tabelle 25: Die Größen von Messingröhrchen sind so aufeinander abgestimmt, dass die Röhrchen ineinander passen.

verwendet. Es lässt sich gut schneiden und biegen. Komplexere Verformungen sind nach dem Weichglühen des Materials möglich. In Tabelle 23 finden Sie Gewichtsangaben für Plattenmaterial unterschiedlicher Dicke. Motorträger und Hauptfahrwerke werden häufig aus Aluminiumlegierungen hergestellt. Auch Litho-Platten aus dem Druckgewerbe mit einer Dicke von 0,01 mm sind im Modellbau vielseitig einsetzbar, z. B. zur Nachahmung von Metalloberflächen bei Rumpf- und Tragflächenbeplankungen.

Federstahldraht

Federstahl besitzt eine hohe Festigkeit und Elastizität und ist die erste Wahl als Material für Fahrwerksbeine. Federstahl sollte nicht durch Silberlöten verbunden werden, da die Elastizität des Materials dadurch beeinträchtigt wird. Weichlöten ist eine Alternative, die die Eigenschaften des Stahldrahts nicht verändert. Federstahl wird auch zur Anfertigung von Höhenruderverbindern und Querruderantrieben verwendet.

Messing

Die Durchmesser von Messingröhrchen sind so aufeinander abgestimmt, dass ein Röhrchen in das Röhrchen mit dem nächst größeren Durchmesser passt – ideal also für Teleskopfahrwerksbeine. Messingröhrchen finden auch Verwendung in Kraftstoffleitungen, Torsionsanlenkungen etc. Messing ist auch als Vierkantrohr und Plattenmaterial in verschiedenen Dicken erhältlich. Da sich Messing besonders einfach löten lässt, ist es auch für den Eigenbau von Kraftstofftanks etc. geeignet.

Klebstoffe

Kaum ein Tag vergeht, an dem nicht ein neuer Spezialkleber auf dem Markt erscheint. Im Rahmen dieses Buches ist nur ein kurzer Überblick über die wichtigsten Arten von Klebstoffen möglich, wobei jeweils die Vor-

	Acrylbasis	Holzkleber (aliphatisch)	Kontaktkleber	Cyanacrylat	Epoxydharz	Kunststoffkleber	Heißkleber	Polyesterharz	Weißleim
Trockenzeit	mittel	mittel	mittel	sehr schnell	mittel/langsam	schnell	schnell	langsam	langsam
Gewicht	mittel	mittel	mittel	sehr gering	hoch	hoch	hoch	hoch	mittel
Penetration	schlecht	gut	sehr schlecht	sehr gut	schlecht	sehr schlecht	sehr schlecht	mittel	mittel
Spaltfüllend	gut	schlecht	schlecht	schlecht	gut	sehr gut	gut	gut	mittel
Festigkeit	hoch	mittel	hoch	mittel	sehr hoch	mittel	mittel	hoch	mittel
Preis	hoch	gering	mittel	hoch	hoch	hoch	mittel	mittel	gering

Tabelle 26: Die wichtigsten Eigenschaften von Klebstoffen für den Modellbau.

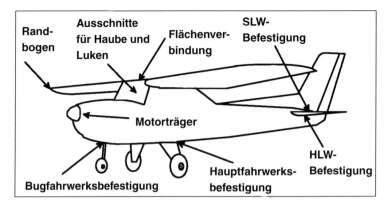

Abb. 200: Der Konstrukteur muss hoch belastete Punkte erkennen und das Modell beim Bau entsprechend verstärken.

und Nachteile der einzelnen Kleber und ihr Anwendungsbereich genannt werden.

Eine wichtige Voraussetzung für eine gute Klebeverbindung ist in jedem Fall, dass die Klebestellen völlig sauber sind. Das kann bei Metallen und Kunststoffen zum Problem werden, da sogar das Fett der Haut, das bei der Berührung auf das Material übertragen wird, eine gute Verklebung der Bauteile verhindern kann.

Aus der Sicht des Modellbauers sind wichtige Kriterien für die Wahl des Klebstoffes Festigkeit, Gewicht und Kosten. Eine Übersicht über gängige Klebstoffarten zeigt Tabelle 26. Nicht immer geht aus der Bezeichnung eines Klebstoffs auch sein Verwendungszweck hervor. Wie Sie die einzelnen Klebstoffe richtig einsetzen, verrät Ihnen Tabelle 27.

„Na, wieder Ärger mit deinem Superkleber?"

Material	Acrylbasis	Holzkleber (aliphatisch)	Kontaktkleber	Cyanoacrylat	Epoxydharz	Heißkleber	Hartkleber	Polyesterharz	Weißleim	Kunststoffkleber
Papier		■	■	■					■	
Balsa		■	■	■					■	
Hartholz	■	■	■	■	■	■	■	■	■	
GFK	■				■	■	■	■		
ABS	■					■				■
Styrol	■									■
Acryl	■							■		■
Acetat	■			■						■
PVC	■					■	■	■		■
Metall	■		■	■	■	■		■		
Styropor		■								
Furnier			■							
Wasserflugzeuge		■*	■		■	■	■	■	■*	
Kabinenhauben	■			■						

* nur wasserfeste Klebstoffe

Tabelle 27: Für optimale Ergebnisse muss für jede Aufgabe der richtige Klebstoff gewählt werden.

Leichtbau

Das ist ein Begriff, den jeder Flugzeugkonstrukteur und Flugzeugbauer nicht nur kennen sondern auch umsetzen sollte, egal, ob es um manntragende Flugzeuge oder Flugmodelle geht.

Mit einer Waage kann schon bei der Konstruktion und später beim Bau eines Modells das Gewicht des verwendeten Holzes oder einzelner Komponenten, wie z. B. Motorträger oder Räder, überprüft werden. Und das zahlt sich aus und beeinflusst mit Sicherheit die ein oder andere Entscheidung.

Abb. 201: Eine Waage ist beim Modellbau unverzichtbar, um das Gewicht des Modells schon während des Baus kontrollieren zu können.

Hoch belastete Punkte am RC-Modell

Abb. 200 zeigt im Überblick, an welchen Punkten eines typischen RC-Modells die größten Belastungen auftreten. Einige Punkte werden besonders bei Start und Landung beansprucht, andere bei heftigen Flugmanövern, einer harten oder verunglückten Landung (z. B. die Randbögen) etc. Es ist klar, dass an diesen Stellen nicht nur die Materialauswahl mit besonderer Sorgfalt erfolgen muss, sondern auch die konstruktive Umsetzung.

9 Bautechniken

Der Rumpf

Beim konventionellen RC-Modell trägt der Rumpf RC-Anlage, Tank und Motor und hält Tragfläche und Leitwerk in der richtigen Position. Rümpfe können auf unterschiedliche Art und Weise gebaut werden, wobei die Form des Pumpfes in der Regel durch die Rumpfspanten bestimmt wird.

Rumpfspanten

Die Form der Rumpfhülle wird durch die Rumpfspanten bestimmt. Je nach Aufgabe und Anordnung eines Spants im Rumpf wird unterschiedliches Material zur Herstellung eines Spants verwendet. So bestehen Spanten im Bereich des Motorraums fast immer aus Sperrholz. Aus Sperrholz werden häufig auch die Spanten der Tragflächenauflage und der Fahrwerksbefestigung angefertigt, sie können aber auch aus Leichtsperrholz, Balsasperr-

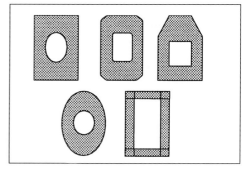

Abb. 203: Verschiedene Arten von Rumpfspanten. Der Spant rechts unten besteht aus einzelnen Leisten.

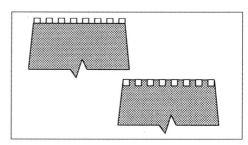

Abb. 204: Gurte können auf den Spant aufgeklebt oder in den Spant eingelassen werden.

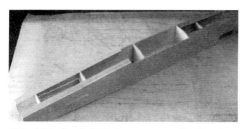

Abb. 202: Großzügig bemessene Dreikantleisten ermöglichen ein gefälliges Verrunden der Kanten bei diesem Kastenrumpf.
In den Seitenteilen sind bereits Schlitze zur Aufnahme des Höhenleitwerks angebracht.

holz oder dickem Balsa sein. Für Spanten im hinteren Rumpfbereich ist dünnes Balsa ausreichend. Diese Spanten werden häufig aus Leisten angefertigt, da sie zum einen besonders leicht sein müssen, zum anderen wird ohnehin Platz für die Ruderanlenkungen benötigt.

Abb. 205: Ein einfacher Kastenrumpf ist schnell gebaut und außerdem stabil.

Soll der Rumpf ganz oder teilweise mit Gurten aufgebaut werden, ist zu überlegen, wie die Gurte an den Spanten befestigt werden. Zwei Möglichkeiten zeigt Abb. 204.

Einfache Kastenrümpfe

Der einfachste Rumpf ist der Brettrumpf. Der hat allerdings ein Problem mit der RC-Anlage, die beim Modell mit Verbrennungsmotor so befestigt und geschützt werden muss, dass ihr die Verbrennungsrückstände des Motors nichts anhaben können. Mit wenig mehr Aufwand gelingt der Kastenrumpf mit rechteckigem Querschnitt. Sein einfacher Aufbau geht allerdings auf Kosten der Ästhetik.

Kastenrumpf mit Seitenteilen aus Balsa

Die einfachste Rumpfbauweise, aber auch die am wenigsten elegante, bringt Rümpfe in Form von eckigen Kästen hervor. Eine gefälligere Form wird erreicht, wenn die Ecken mit Vierkant- oder Dreikantleisten verstärkt werden. Das gibt nicht nur zusätzliche Sta-

Abb. 206: Gitterrümpfe sind typisch für Oldtimermodelle.

bilität, sondern erlaubt auch ein Verrunden der Kanten. Sitzt der Verbrennungsmotor in der Rumpfnase, wird der vordere Rumpfbereich normalerweise mit Sperrholz oder auch mit Hartbalsa oder Leichtsperrholz verstärkt. Ebenfalls verstärkt wird die Tragflächenauflage. Das geht zwar auch mit Sperrholz, besser ist aber eine Verstärkung aus dickem Balsa, denn es verstärkt nicht nur die Auflage, sondern verbreitert auch die Auflagefläche und schützt so die empfindliche Tragfläche.

Für die Seitenteile kann dünneres Balsa gewählt werden, wenn sie mit Balsaleisten und vertikalen Streben verstärkt werden.

Der Gitterrumpf

Der traditionelle Gitterrumpf ist hinsichtlich Festigkeit und Gewicht kaum zu schlagen. Wenn die Verbindungsstellen sorgfältig zugeschnitten und mit dem richtigen Klebstoff verklebt werden, bietet diese Bauweise sogar

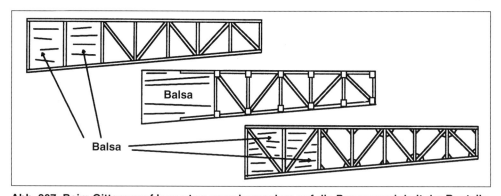

Abb. 207: Beim Gitterrumpf kommt es ganz besonders auf die Passgenauigkeit der Bauteile und die Qualität der Klebeverbindungen an. Sperrholzplättchen oder Balsaecken können zur Verstärkung dienen.

Abb. 208: Dieser Gitterrumpf ist im vorderen Bereich mit Seitenteilen aus Balsa verstärkt.

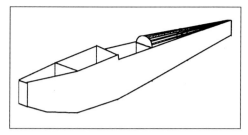

Abb. 210: Ein Rumpfrücken aus Balsagurten ist sehr leicht und stabil.

im unbespannten Zustand eine hohe Festigkeit. Das Rumpfgerüst kann je nach Größe des Modells aus Balsa oder Kiefer oder einer Mischung aus beiden aufgebaut werden.

Eine Verstärkung der Verbindungsstellen mit dünnen Sperrholzplättchen steigert die Festigkeit der Konstruktion erheblich. Alternativ können Verstärkungsecken aus Balsa eingeklebt werden. Die Rumpfgurte können vorne in Balsaseitenteile übergehen oder der Raum zwischen den Gurten wird im Bereich von Motor und RC-Anlage mit Balsastücken ausgefüllt. In beiden Fällen liegt das Gewicht im vorderen Rumpfbereich und da gehört es auch hin.

Rümpfe mit ovalem oder kreisförmigem Querschnitt

Elegantere Rumpfformen erfordern im Allgemeinen auch einen komplizierteren Aufbau des Rumpfes. Wie immer gibt es auch hier eine Reihe von Möglichkeiten, die gewünschte Rumpfform zu verwirklichen.

Halbspantenbauweise

Ein verzugsfreier Aufbau des Rumpfes gelingt sehr zuverlässig, wenn der Rumpf in zwei Hälften aufgebaut wird. Abb. 209 zeigt den Bau eines Rumpfes in Halbspantenbauweise mit horizontaler und mit vertikaler Teilung. Gurte, die auf die Rumpfhälften aufgeklebt werden, sorgen für die nötige Stabilität und dienen als Auflage für die Bespannung. Eine durchgehende Beplankung mit Balsaleisten ist aufwändiger, bietet aber höhere Festigkeit. Die fertigen Rumpfhälften werden miteinander verklebt und ergeben einen leichten und sehr stabilen Rumpf. Deckel und Luken werden erst aus dem fertigen Rumpf ausgeschnitten.

Rumpfgurte

Viele RC-Modelle besitzen eine zumindest teilweise offene Rumpfkonstruktion mit Gurten. Ein typisches Beispiel zeigt Abb. 210, wo der Rumpfrücken aus Gurten besteht. Diese Bauweise ist sehr leicht, ein großer Teil der Festigkeit ist von der Bespannung abhängig.

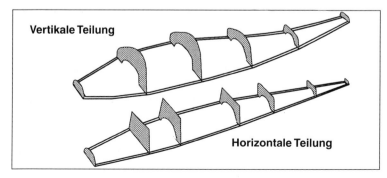

Vertikale Teilung

Horizontale Teilung

Abb. 209: Rümpfe in Halbschalenbauweise können vertikal oder horizontal geteilt sein. Vorteil bei vertikaler Teilung: Die Halbspanten sind identisch.

Beplankung mit Brettchen

Eindimensional gekrümmte Oberflächen lassen sich hervorragend mit einer Balsabeplankung herstellen. Die Anzahl der Spanten und die Dicke des Beplankungsmaterials muss aufeinander abgestimmt sein, damit die Beplankung zwischen den Spanten nicht einfällt. Das Beplankungsmaterial sollte mindestens 1,5 mm dick sein, wenn Spielraum zum Verschleifen benötigt wird, muss das Material entsprechend dicker gewählt werden.

Beplankung mit Leisten

Komplexe Rumpfformen, die in zwei Ebenen gekrümmt sind, werden mit Leisten beplankt. Das Ergebnis ist ein sehr stabiler und dennoch leichter Rumpf. Die Leisten sollten dicker sein als die gewünschte Beplankung (eine Zugabe von ca. 1,5 mm reicht meist aus), da er Rumpf sorgfältig verschliffen werden muss, um eine glatte Oberfläche zu erhalten. Auch hier darauf achten, dass die Abstände zwischen den Rumpfspanten nicht zu groß sind.

Rumpfrohre

Besitzt das Modell einen Rumpfausleger mit kreisförmigem Querschnitt, ist ein gerolltes Rumpfrohr eine Möglichkeit. Als Material eignen sich Balsa, dünnes Sperrholz, Glas- oder Kohlefaser. Auch Angelruten oder Pfeilschäfte können als Rumpf zweckentfremdet werden.

Komplexe Formen und Materialien

Teile in praktisch beliebiger Form können in Tiefziehtechnik oder aus GFK hergestellt werden. In beiden Fällen muss zunächst ein Stempel bzw. eine Form angefertigt werden. Ausgangsmaterial ist dabei meist Holz, zur Herstellung von GFK-Teilen muss das Urmodell außerdem abgeformt werden. Meist werden nur einzelne Teile eines Modells aus diesen Materialien hergestellt, es gibt allerdings auch Modelle ganz aus GFK. GFK-Rümpfe sind stabil und haben eine ausgezeichnete

Abb. 211: Dieser Motor verschwindet komplett unter der Motorhaube aus Balsa. Die große Öffnung sorgt für ausreichende Kühlung.

Oberfläche. Näheres über diesen Werkstoff erfahren Sie in Kapitel 8.

Metall

Metall wird im Flugmodellbau vorwiegend in Verbindung mit Motorhauben, Fahrwerken und Motorträgern verwendet. Nicht jeder Modellbauer hat die Möglichkeiten – oder die Kenntnisse – zur Bearbeitung von Metall, deshalb beschränken sich die Arbeiten meist auf das Biegen eines Fahrwerks oder das Anfertigen eines Motorträgers aus Alublech. Aus Litho-Blech können sehr schöne und echt wirkende Metalloberflächen hergestellt werden. Es ist im A4-Format erhältlich und lässt sich sehr gut mit der Schere schneiden.

Motorhauben aus GFK und Holz

GFK ist das ideale Material für Motorhauben. Es ist stabil, leicht und außerdem kraftstoffbeständig. Allerdings ist zunächst eine Form für das benötigte Teil anzufertigen. In dieser Zeit kann man auch eine Motorhaube aus Holz

Abb. 212: Die Ausschnitte für Motor und Schalldämpfer müssen gut geplant sein.

bauen, indem geeignete Klötze aus weichem Balsa zwischen Sperrholzspanten geklebt und dann in Form geschnitten und geschliffen werden. Runde Motorhauben aus Aluminium gibt es in verschiedenen Größen und Ausführungen im Modellbaufachhandel.

Das Wichtigste beim Bau einer Motorhaube ist die ausreichende Kühlung des Motors. Die Kühlluftführung muss möglichst frei von Hindernissen sein, die Austrittsöffnung sollte etwa den doppelten Querschnitt der Einlassöffnung haben (es sei denn, die Einlassöffnung ist schon besonders groß). Sorgen Sie auf jeden Fall dafür, dass die Austrittsöffnung min-

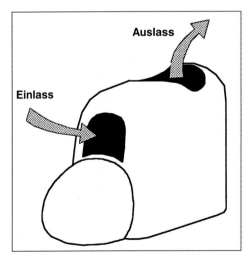

Abb. 213: Ausreichende Kühllufttein- und -auslässe verhindern ein Überhitzen des Motors.

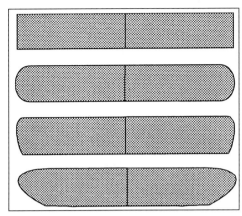

Abb. 214: Die Form des Randbogens ist für die Attraktivität der Rechteckfläche entscheidend.

destens den Durchmesser des Zylinderkopfes hat und dass die Einlassöffnung mindestens zwei Drittel dieses Querschnitts hat.

Viertaktmotoren erzeugen wesentlich höhere Temperaturen als Zweitakter; wenn aber der Schalldämpfer des Zweitakters komplett unter der Motorhaube verschwindet, ist da kaum noch ein Unterschied.

Tragflächen

Die Tragfläche ist ohne Zweifel das Wichtigste an einem Flugzeug. Die Tragfläche liefert den Auftrieb und ist ganz wesentlich für die Leistung des Modells verantwortlich. Einen Beitrag dazu leisten der Tragflächengrundriss, das Profil, die Bauweise und die Befestigung am Rumpf. Über die Aerodynamik der Tragfläche haben wir bereits gesprochen, jetzt geht es um die Bauweise.

Rechteckflächen

Rechteckflächen sind am einfachsten zu bauen, aber wie wir aus Kapitel 6 wissen, sind sie aerodynamisch gesehen nicht die optimale Lösung. Die einfache Anfertigung der Rippen im Block hat seinen Reiz, häufig kann man sogar auf eine Schränkung verzichten, da ein Strömungsabriss an den Flächenspitzen recht unwahrscheinlich ist. In den Augen vieler

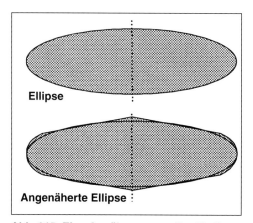

Abb. 215: Eine Annäherung an die elliptische Flächenform ist auch mit geraden Nasen- und Endleisten möglich.

Allerdings neigen Trapezflächen eher zum Strömungsabriss an den Flächenspitzen, so dass eine Schränkung sicher nicht schadet.

Elliptische Flächen
Der Bau von elliptischen Tragflächen ist mit wesentlich mehr Aufwand verbunden und ihrer Neigung zum Strömungsabriss muss durch eine entsprechende Schränkung der Flächenenden begegnet werden. Ein Kompromiss, mit dem man den höheren Bauaufwand umgeht, besteht darin, gerade Nasen- und Endleisten zu verwenden und die Flächenenden so zu gestalten, dass die Form insgesamt annähernd elliptisch wirkt. Die beiden in Abb. 215 dargestellten Tragflächen haben praktisch dieselbe Größe und fast dieselbe Form.

Konstrukteure ist der größte Nachteil einer Rechteckfläche ihr ausgesprochen zweckmäßiges Aussehen. Das kann durch eine gefällige Form der Randbögen etwas gemildert werden.

Trapezflächen
Trapezflächen haben nur einen geringfügig höheren Bauaufwand als Rechteckflächen. Die Rippen haben zwar alle eine andere Größe, die Größenänderung ist aber linear und erlaubt die praktische Herstellung im Blockverfahren, wenn die Trapezform nicht übermäßig ist. Beim Schneiden einer Styroporfläche macht es kaum einen Unterschied, ob der Flächengrundriss rechteckig oder trapezförmig ist.

Randbogen
Für Form und Aufbau eines Randbogens gibt es zahlreiche Möglichkeiten. Zu beachten sind die aerodynamischen Eigenschaften des Randbogens, Festigkeit und Bruchempfindlichkeit bei Bodenberührung. Einige Möglichkeiten der Gestaltung zeigt Abb. 216.

Obwohl die Auswahl groß ist, sind rechteckige oder fast rechteckige Randbögen am häufigsten anzutreffen, wohl weil sie am einfachsten zu bauen sind. Sie können aus einer mit Balsa oder Sperrholz aufgedickten Rippe oder aus einem Balsaklotz geformt werden.

Bei entsprechender Dicke lassen sich auch leicht gerundete Randbögen aus Balsaklöt-

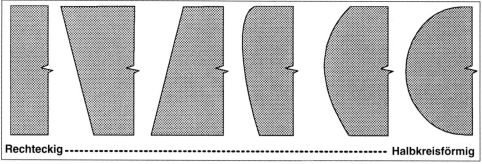

Abb. 216: Unterschiedliche Randbogenformen können mit unterschiedlichem Bauaufwand realisiert werden.

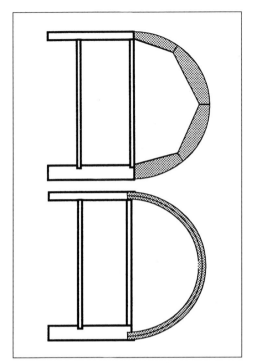

Abb. 218: Rechteckige oder fast rechteckige Randbögen sind sehr verbreitet, wie diese Abbildung der Flächenenden von drei Baukastenmodellen zeigt.

Abb. 217: Diese Randbögen können entweder aus Segmenten zusammengesetzt oder aus Streifen laminiert werden.

zen herausarbeiten. Stärker gebogene oder halbkreisförmige Randbogen bestehen in der Regel aus mehreren Balsastücken oder werden aus dünnen Balsa- oder Sperrholzstreifen laminiert.

Abb. 219: Die Stiele bei meiner JH2 sind keine Dekoration, sondern geben den Tragflächen zusätzliche Festigkeit.

Doppeldecker und Dreidecker

Die Tragflächen von Doppel- und Dreideckern unterscheiden sich von denen eines typischen Eindeckers insofern, als sie im Verhältnis kleiner sind, eine geringere Streckung haben und mit Streben und/oder Spanndrähten versehen sind, die einen Teil der Last aufnehmen. Deshalb können diese Tragflächen leichter aufgebaut sein als die eines Eindeckers. Nicht unpraktisch, wenn man bedenkt, dass zwei oder drei Tragflächen wahrscheinlich schwerer sind als eine einzelne des gleichen Flächeninhalts. Hinzu kommt, dass diese Konstruktionen durch die gegenseitige Beeinflussung der in relativ geringem Abstand zueinander montierten Tragflächen etwa den 1,3fachen Flächeninhalt eines vergleichbaren Eindeckers benötigen.

Mehrmotorige

Bei den meisten mehrmotorigen Maschinen werden die Motoren in die Tragflächen eingebaut. Eine Motorgondel können Sie als Mini-Rumpfnase betrachten, wobei die Motorspanten eine Einheit mit den Hauptholmen bilden. Motorgondeln werden meist mit Balsastreifen beplankt, um einen sauberen Übergang in die Tragfläche zu schaffen.

Bei Styroportragflächen genügt ein einfacher rechteckiger Ausschnitt im vorderen Bereich der Tragfläche zum Einbau der fertigen Motorgondel. Ein typisches Beispiel zeigt Abb. 38 in Kapitel 2.

Abb. 220: Beim Bau einer zweimotorigen Maschine ist es sinnvoll, die Tragfläche dreiteilig aufzubauen.

Abb. 221: Die Tragfläche dieser F-15 Eagle besteht durchgehend aus 5-mm-Balsa.

Tragflächenprofile

In Kapitel 6 sprachen wir über die Auswahl von Tragflächenprofilen unter aerodynamischen Gesichtspunkten. In diesem Kapitel wollen wir verschiedene Profile unter konstruktiven Gesichtspunkten betrachten.

Ebene Platte

Von der Einfachheit des Aufbaus her spricht vieles für die ebene Platte. Erstens müssen die Tragflächenhälften nur ausgeschnitten und zusammengeklebt werden. Rippen gibt es nicht. Zweitens ist die ebene Platte aus Balsa wesentlich leichter als eine Styroportragfläche desselben Flächeninhalts. Drittens ist die ebene Platte ziemlich stabil, unempfindlich gegen Beschädigung und notfalls leicht zu reparieren.

Die Tragfläche eines meiner Fun-Jets mit 4-cm³-Motor trägt unbespannt ein Gewicht von 22 kg, das entspricht einer Belastung von 10 G. Die Festigkeit der Bespannung und der vom Rumpf erzeugte Auftrieb sind ein beachtlicher zusätzlicher Sicherheitsfaktor.

Die ebene Platte ist vor allem geeignet für kleine Sport-Scale-Jetmodelle. Die Tragflächen der Vorbilder sind alle durch eine geringe Streckung und ein dünnes Profil gekennzeichnet. Durch die geringe Streckung der Tragflächen ist die Steifigkeit und die Torsionsfestigkeit der Flügel kein Problem und dünn genug ist die ebene Platte von Natur aus.

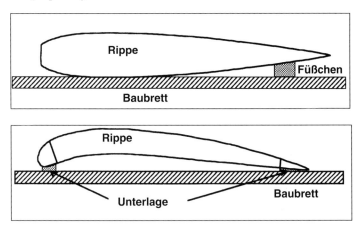

Abb. 222: Rippenfüßchen erleichtern den Aufbau von Tragflächen mit symmetrischem Profil.

Abb. 223: Beim Bau von Tragflächen mit konkavem Profil werden Nasen- und Endleiste passend unterlegt.

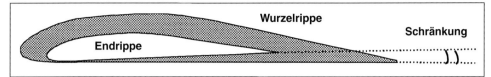

Abb. 224: Als Schränkung wird der Winkel zwischen Wurzel- und Endrippe bezeichnet. Der Winkel ist positiv, wenn die Endrippe einen kleineren Einstellwinkel hat als die Wurzelrippe hat.

Gewölbte Platte

Bei ähnlichem Bauaufwand liefert die gewölbte Platte bedeutend mehr Auftrieb als die ebene Platte. Für Rückenflug ist das Profil allerdings kaum zu gebrauchen. Gut eignet es sich für einfache Modelle, wenn ein konkaves Profil nachgeahmt werden und der Bau wenig Zeit in Anspruch nehmen soll. Die Wölbung wird meist durch einige Rippen auf der Unterseite der Platte erhalten.

Profile mit gerader Unterseite

Profile mit gerader Unterseite – das bekannteste ist wohl das Clark Y – erleichtern den Bau einer Tragfläche. Die Tragflächen können direkt auf einem ebenen Baubrett aufgebaut werden. Die meisten gefrästen Nasen- und Endleisten sind für diese Profile ausgelegt.

Symmetrische und halbsymmetrische Profile

Die konvexe Unterseite dieser Profile macht den Bau einer Tragfläche schon schwieriger. Eine gute Lösung sind Rippenfüßchen, die den Bau der Fläche auf einem ebenen Baubrett ermöglichen. Aber das ist noch nicht alles. Die meisten gefrästen Nasen- und Endleisten sind nicht symmetrisch, deshalb behilft man sich meist mit passenden Vierkantleisten als Nasenleiste und einer Endleistenbeplankung.

Konkave Profile

Noch etwas schwieriger ist der Bau einer Tragfläche mit konkavem Profil. Meist müssen Nasen- und Endleiste beim Bau zusätzlich mit Leisten o. ä. unterlegt werden. Auch beim Bespannen der Fläche muss man sorgfältig arbeiten, damit sich die Bespannung an der konkaven Rippenunterseite nicht mehr löst.

Tragflächenverwindung

Die Tragflächenverwindung oder Schränkung der Tragflächen ist die übliche Methode, um einen Strömungsabriss an den Flächenspitzen zu vermeiden. Die unterschiedlichen Einstellwinkel von Flächenwurzel und Flächenspitze bei einer geschränkten Tragfläche zeigt Abb. 224. Nur wenige Grad sind nötig, andernfalls ist der Auftriebsverlust an den Flächenenden zu groß. Gängige Werte liegen zwischen 1° für leicht trapezförmige Flächen und 3° für stark trapezförmige oder elliptische Flächen.

Bei Styroportragflächen wird die nötige Schränkung beim Aufzeichnen der Schneidrippen berücksichtigt, so dass der Styroporkern bereits die korrekte Schränkung erhält. Bei Rippentragflächen muss die Schränkung „eingebaut" werden. Dazu wird die Endleiste, wie in Abb. 225 dargestellt, passend unterlegt.

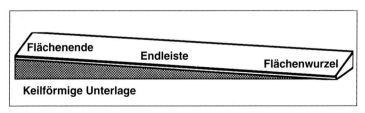

Abb. 225: Die Schränkung kann durch Unterlegen der Endleiste mit einer keilförmigen Leiste exakt eingebaut werden.

Abb. 226: Anfertigen eines Rippensatzes für eine Trapezfläche.

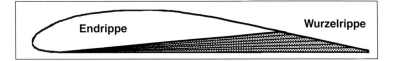

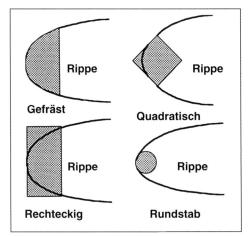

Abb. 227: Unterschiedliche Möglichkeiten für den Bau von Nasenleisten.

Wie viel Schränkung ein Flügel benötigt, hängt ganz wesentlich von zwei Faktoren ab: von der Streckung und von der Trapezform. Als Faustregel gilt: Erhöhen Sie die Schränkung um 1° bei einer Streckung größer als acht, um 2° bei einer Streckung größer als zwölf. Erhöhen Sie die Schränkung um 1°, wenn die Flächentiefe an der Flächenspitze weniger als ein drei Viertel der Tiefe an der Flächenwurzel beträgt, und um 2° bei elliptischen Tragflächen.

Eine besonders praktische Lösung für den Bau einer geschränkten Trapezfläche ist es, für die Tragfläche nur ein Profil zu verwenden und von der Unterseite der Rippen – von der Wurzel bis zur Flächenspitze hin – immer größere keilförmige Abschnitte abzutrennen. Wie das aussieht, zeigt Abb. 226 am Beispiel einer Tragflächenhälfte mit sieben Rippen. Eine andere Möglichkeit besteht darin, die außen liegenden Querruder um einen bestimmten Winkel nach oben zu fahren, und so die gewünschte Schränkung zu erzielen.

Tragflächenbau

Nasen- und Endleisten

Am einfachsten ist es natürlich, gefräste Leisten in der passenden Größe zu verwenden. Das geht aber nur bei Tragflächen, die von der Wurzel bis zur Flächenspitze die gleiche Dicke haben. Eine Auswahl gängiger Größen und Formen zeigt Tabelle 28.

An Stelle gefräster Nasenleisten können auch Balsaleisten mit quadratischem oder rechteckigem Querschnitt verwendet und in Form geschliffen werden. Das bietet sich an, wenn die Fläche zur Flächenspitze hin dünner wird. Auch Rundstäbe können als Nasenleisten eingebaut werden. Die unterschiedlichen Möglichkeiten zeigt Abb. 227.

Endleisten können nicht nur aus gefrästem Vollmaterial, sondern auch aus Balsastreifen

Tabelle 28: Nasen- und Endleisten gibt es in vielen Standardgrößen.

Nasenleiste		Endleiste			
mm	in	mm	in	mm	in
6	¼	3 x 9,5	1/8 x 3/8	6 x 25	¼ x 1
9,5	3/8	3 x 12,5	1/8 x ½	8 x 31	5/16 x 1¼
12,5	½	4,5 x 12,5	3/16 x ½	9,5 x 38	3/8 x 1 ½
19	¾	4,5 x 19	3/16 x ¾	12,5 x 38	½ x 1½
25	1	6x19	¼ x ¾	12,5 x 50	½ x 2

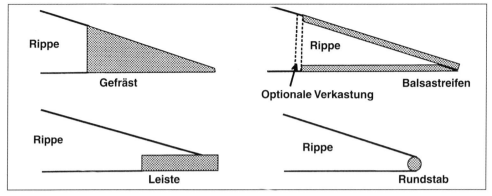

Abb. 228: Endleisten können ebenfalls unterschiedlich aufgebaut werden.

aufgebaut werden, wobei der untere Streifen passend zur Oberkante der Rippen verschliffen wird. Eine Verkastung sorgt für zusätzliche Stabilität. Rechteckprofile oder Rundstäbe sind ebenso zur Herstellung von Endleisten geeignet. Sinnvoll platzierte Verstärkungsecken können die Festigkeit einer Tragfläche deutlich erhöhen.

Holme

Ein solider Tragflächenholm besteht aus zwei Holmgurten, die an der Ober- und Unterseite der Rippen verlaufen. Eine Verkastung der Holmgurte erhöht die Festigkeit des Holms erheblich. Der Holm trägt die Biegebelastung der Tragfläche im Flug und bei der Landung. Vor allem bei der Landung können kurzzeitig sehr hohe Belastungen auftreten.

Der Holm ist aber nicht allein für die Festigkeit der Tragfläche verantwortlich. Nasen- und Endleiste, Rippen und Bespannung und/oder Beplankung leisten ebenfalls einen Beitrag. Welche Art von Holm für eine bestimmte Tragfläche gewählt wird, hängt ab von Flächengrundriss und Flächentiefe, von der benötigten Festigkeit und von der Komplexität des Flächenaufbaus. Verschiedene Holmtypen zeigt Abb. 229.

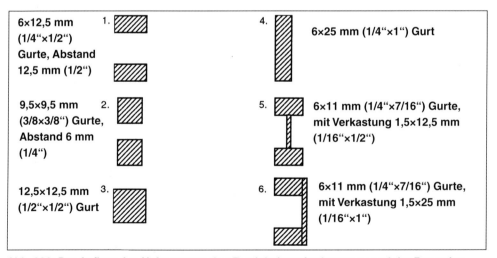

Abb. 229: Der Aufbau des Holms muss den Festigkeitsanforderungen und der Bauweise des Modells entsprechen.

Art des Hauptholms	Festigkeit
1. Zwei Gurte 6×12,5 mm (1/4"×1/2")	1
2. Zwei Gurte 9,5×9,5 mm (3/8×3/8")	2
3. Ein Gurt 12,5×12,5 mm (1/2"×1/2")	4
4. Ein Gurt 25×12,5 mm (1"×1/2")	16
5. Zwei Gurte 6×11 mm (1/4"×7/16") mit 1,5 mm (1/16") Verkastung	24
6. Zwei Gurte 6×11 mm (1/4"×7/16") mit 1,5 mm (1/16") durchg. Verkastung	24

Tabelle 29: Die Festigkeit des Hauptholms hängt in hohem Maße von seiner Bauweise ab.

Aus Tabelle 29 ist ersichtlich, dass für die Festigkeit eines Holmgurtes seine Höhe und die Verkastung (bei zwei Holmgurten) eine wesentliche Rolle spielen. So hat ein einzelner Holmgurt mit quadratischem Querschnitt die vierfache Festigkeit eines Holms, der aus zwei Gurten mit jeweils dem halben Querschnitt besteht. Ein Holm mit verkasteten Gurten ist 24 Mal so stark wie ein Holm ohne Verkastung und dabei nur geringfügig schwerer. Wichtig ist, dass die Maserung der Verkastung senkrecht verläuft. Bemerkenswert ist auch, dass eine Verdoppelung der Flächendicke und des Holms seine Belastbarkeit in vertikaler Richtung um den Faktor acht erhöht. Dicke Profile sind ergeben eine hohe Festigkeit der Tragfläche.

Bei Styroporflächen, die mit Holmgurten aus Balsa verstärkt werden, wirkt das Styropor als Verkastung. Da Styropor ein recht weiches Material ist, muss der Abstand zwischen den Holmgurten so groß wie möglich sein. Ein re-

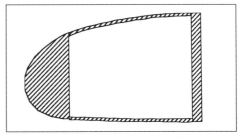

Abb. 230: Durch Beplanken der Fläche zwischen Holm und Nasenleiste entsteht eine sehr stabile D-Box.

alistisches Maß für solch einen Holm ist z. B. 25×2,5 mm. Holme aus Kohle- oder Glasfaser sind eine gute Alternative.

Unabhängig vom Flächengrundriss ist die Belastung einer Tragfläche an der Flächenwurzel am größten und nimmt zur Flächenspitze hin ab. Der Bau von abgestuften Holmen bietet daher eine ausreichende Festigkeit bei geringem Gewicht. Ein stabiler Holm und eine steife Tragfläche sind wichtig, damit der

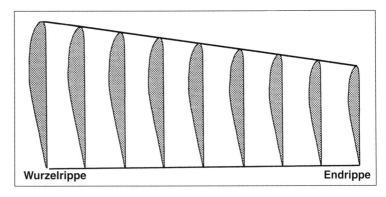

Abb. 231: Die Rippen einer Trapezfläche unterscheiden sich in Länge und Höhe.

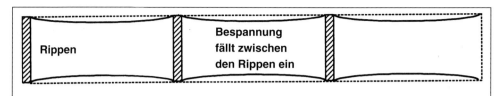

Abb. 232: Der Abstand zwischen den Rippen muss so gewählt werden, dass die Bespannung möglichst wenig einfällt.

Anstellwinkel der Tragfläche über die gesamte Spannweite möglichst gleich bleibt und die Tragflächen auch bei hoher Geschwindigkeit nicht flattern.

Eine besonders hohe Festigkeit und Drehsteifigkeit der Tragfläche verspricht die D-Box, bei der die Last zwischen Hauptholm und Nasenleiste verteilt wird. Aus diesem Grund wird die Flächennase häufig beplankt. Außerdem wird durch eine Beplankung die Profiltreue im Nasenbereich verbessert.

Rippen

Die Rippen sorgen für die korrekte Position und den korrekten Abstand der Holme und sie bestimmen das Profil der Tragfläche. Festigkeit ist also hier nicht das wesentliche Kriterium. Bei Rechtecktragflächen sind alle Rippen identisch und können sehr einfach im Blockverfahren angefertigt werden.

Bei der Trapezfläche muss theoretisch jede einzelne Rippe gezeichnet werden. Ein Kopiergerät oder der Computer sind hier ganz nützliche Hilfsmittel. Noch einfacher ist es, auch hier das Bockverfahren anzuwenden. Bei exotischeren Flächengrundrissen ist allerdings tatsächlich jede Rippe anders und muss mit großer Sorgfalt gezeichnet und angefertigt werden.

Sehr ästhetisch aber auch komplizierter ist die geodätische Bauweise, die oft bei hochgestreckten Tragflächen und Höhenleitwerken verwendet wird. Dabei entsprechen die Rippen dem ursprünglichen Flächenprofil, durch die diagonale Anordnung sind die Rippen aber „gestreckt". Tragflächen in geodätischer Bauweise besitzen eine enorme Festigkeit und Drehsteifigkeit bei geringem Gewicht.

Dicke und Abstand der Rippen

Tragflächenrippen bestehen meist aus 1,5 bis 3 mm dickem Balsa. Der Rippenabstand hängt von der für den Flügel vorgesehenen Oberfläche ab. Rippen sollten also enger beieinander liegen, wenn der Flügel mit Papier oder Folie bespannt wird, bei beplankten Flächen kann der Abstand größer sein. Normalerweise beträgt der Abstand zwischen den Rippen 50 bis 75 mm; je größer die Spannweite einer Tragfläche, desto größer ist in der Regel auch der Rippenabstand.

Rippenaufleimer

Rippenaufleimer erfüllen zwei wichtige Aufgaben. Zum einen wird durch Aufleimer, ganz ähnlich wie bei einer Holmkonstruktion, die Festigkeit der Rippen erhöht. Zum anderen bieten Aufleimer eine breitere Auflagefläche für die Bespannung. Auch auf Styroporkernen können Aufleimer verwendet werden, um Rippenflügel nachzuahmen. Nach dem Bespannen sieht man kaum keinen Unterschied.

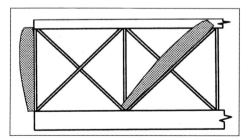

Abb. 233: Geodätische Rippen haben eine andere Form als herkömmlich angeordnete Rippen.

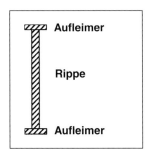

Abb. 234: Aufleimer verstärken dünne Rippen und bieten eine bessere Auflage für die Bespannung.

Abb. 235: Flächen mit Sägezahn im Bau. Ober- und Unterseite sind mit 1,5-mm-Balsa beplankt.

Beplankung

Ein vollständig beplankter Rippenflügel bietet eine hervorragende Oberflächenqualität und Profiltreue. Ganz billig ist diese Lösung allerdings nicht. Dank der tragenden Schale, die für eine sehr feste und verwindungssteife Fläche sorgt, können die Holme schwächer dimensioniert werden.

Styroportragflächen

Für einfache Tragflächengrundrisse sind Styroporflächen eine ideale Lösung. Elliptische Tragflächen lassen sich dagegen nur mit erheblichem Aufwand aus Styropor schneiden. Für alle anderen Flächenformen müssen nur Wurzel- und Endrippen und ggf. die erforderliche Schränkung festgelegt und in den Schneidrippen berücksichtigt werden. Nasen- und Endleiste werden nachträglich an den Styroporkern angeklebt und geben zusätzliche Festigkeit. Wer die Kerne nicht selbst schneiden will, findet leicht einen kommerziellen Anbieter, der Flächen mit dem gewünschten Profil schneidet und vielleicht sogar beplankt.

Als Beplankung kommen vor allem Balsa und Abachi in Frage. Abachi ist etwas fester als Balsa und macht die Oberfläche weniger druckempfindlich. Die fertige Fläche kann wie üblich bespannt oder lackiert werden. Wer eine besonders glatte und widerstandsfähige Oberfläche will, kann die Fläche mit GFK beschichten. Kleine Tragflächen kommen ggf. ohne Beplankung aus und können direkt bespannt werden.

Ausschnitte in Styroportragflächen

Ausschnitte für Bowdenzüge, Servos und Fahrwerkslager etc. schwächen den Styroporkern. Abhilfe schaffen geeignete Verstärkungen aus Balsa oder Sperrholz, die an kritischen Punkten in den Kern eingeklebt werden.

Flächen verbinden

Flächenverbinder, die mit den Holmen, mit Nasen- und Endleiste verklebt werden, sind die übliche Methode, mit der Flächen im korrekten Winkel miteinander verbunden werden. Bei sehr leichten Modellen können Flächenverbinder aus Hartbalsa ausreichend sein, meist ist Sperrholz die bessere Wahl. Styroportragflächen werden mit Hilfe eines breiten GFK-Bandes verklebt, das die Verbindungsstelle oben und unten umschließt.

Abb. 236: Plötzliche Querschnittsänderungen an der Flächenverbindung sind eine vermeidbare Schwachstelle.

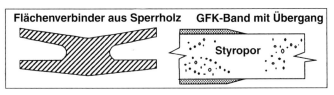

Abb. 237: Hat das Delta nun einen Rumpf oder nicht?

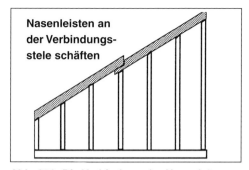

Abb. 238: Die Verbindung der Nasenleisten bei Flächen mit Sägezahn ist keine Schwachstelle, da nur gering belastet.

Pfeilung

Gepfeilte Tragflächen sind typisch für Deltas und Nurflügel. Beim Bau der Flächen ist darauf zu achten, dass die Holmaussparungen in den Rippen sowie die Aussparungen für die Rippen in Nasen- und Endleisten im korrekten Winkel angelegt werden. Die Verbindung der zwei Flächenhälften ist bei gepfeilten Tragflächen nicht mit den üblichen Flächenverbindern möglich. Eine gute Lösung ist die Verwendung zusätzlicher Holme in der Flächenmitte (Abb. 237). Der Verlauf des Hauptholms folgt dabei der Pfeilung der Tragfläche. Gepfeilte Tragflächen kommen meist ohne V-Form aus und können sehr gut auf einer ebenen Unterlage zusammengesetzt werden.

Wie Abb. 238 zeigt, ist die Ausführung der Nasenleiste mit Sägezahn keine Schwierigkeit. Der Sägezahn ist eine der einfachsten Möglichkeiten zur Leistungsverbesserung an gepfeilten Modelltragflächen. Dabei wird die Nasenleiste zunächst getrennt und dann geschäftet. Bei ausreichendem Materialquerschnitt der Nasenleiste und mit dem richtigen Klebstoff ist die Festigkeit an dieser Stelle kein Problem.

Die Flächenbefestigung am Rumpf

Besonders zwei Möglichkeiten der Flächenbefestigung am Rumpf sind sehr beliebt. Tragflächen können mit Hilfe von Flächendübeln und Gummiringen auf dem Rumpf befestigt werden und erlauben es der Fläche, sich im Notfall

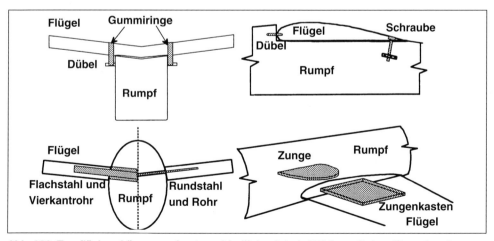

Abb. 239: Tragflächen können auf unterschiedliche Art und Weise mit dem Rumpf verbunden werden.

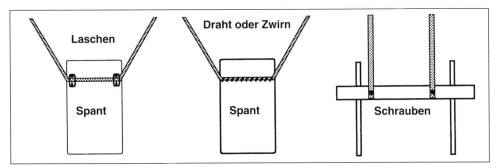

Abb. 240: Baldachinstreben können mit Laschen, Draht oder Zwirn an den Spanten befestigt werden. Metallbänder können mit Rumpfgurten verschraubt werden.

Abb. 241: Baldachinstreben aus Aluminiumbändern.

Abb. 242: Die Streben an Doppeldeckern und Eindeckern unterscheiden sich in ihrer Länge und im Aufbau.

leicht vom Rumpf zu lösen. Eine Alternative ist die Kombination von Flächendübeln in der Nasenleiste und Befestigungsschrauben in der Endleiste. Vor allem bei Segelflugmodellen werden Flächensteckungen aus Rund- oder Flachstahl verwendet, bei älteren Modellen findet man auch Zungensteckungen aus Holz, die das Abscheren der Flächen ermöglichen.

Baldachinstreben

Bei Parasol-Hochdeckern, Doppeldeckern und Dreideckern werden die Tragflächen mit Streben am Rumpf befestigt. Diese können aus Federstahldraht, aus Metallbändern oder Röhrchen bestehen. Die Streben können auf ganz unterschiedliche Art und Weise mit Rumpf und Tragflächen verbunden werden. Einige Möglichkeiten zeigt Abb. 240. Denken Sie beim Bau oder beim Zeichnen eines Plans daran, dass sich die tatsächlichen Abmessungen der Streben auf den dreidimensionalen Raum beziehen.

Streben können auch aus Hart- oder Sperrholz angefertigt werden. Der Vorteil von Holzstreben besteht darin, dass man sie sehr gut als Teil des Rumpfes auslegen und einbauen kann. Unabhängig von der Art und Bauweise der Streben ist bei Konstruktion und Einbau der Streben auf Präzision zu achten, damit später auch der Einstellwinkel der Fläche stimmt.

Flächenstreben und Verspannung

Viele Doppeldecker und manche Eindecker sind mit Flächenstreben ausgerüstet. Bei der Auslegung dieser Bauteile ist zu entscheiden, ob es sich dabei um eine konstruktive Notwendigkeit handelt oder ob sie aus optischen Gründen angebracht werden. Die gleiche Frage stellt sich bei der Verspannung.

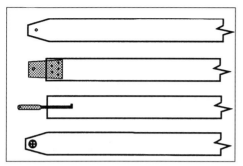

Abb. 243: Befestigungsbohrungen für Streben können in der Strebe selbst oder in Metalllaschen angebracht werden. Streben können auch mit Gabelköpfen oder Stiftschrauben befestigt werden.

Die Wahl des Materials richtet sich nach der Belastung, der die Streben standhalten müssen. Dekorative Streben können aus Balsa hergestellt werden, funktionstüchtige Streben dagegen sollten aus Metall oder Hartholz sein. Holzstreben werden meist mit Hilfe von Metallwinkeln, -bügeln oder -stiften an Rumpf und Flächen befestigt.

Als funktionale Verspannung eignet sich z. B. Angelschnur oder dünne Fesselfluglitze, die es in unterschiedlicher Zugfestigkeit gibt.

Hat die Verspannung nur dekorativen Charakter, ist Gummischnur in verschiedenen Ausführungen ideal. In beiden Fällen muss die Verspannung mit entsprechenden Beschlägen, die es im Modellbaufachhandel gibt oder die selbst angefertigt werden können, an Rumpf und Flächen befestigt werden.

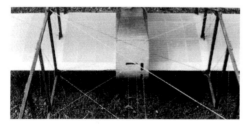

Abb. 244: Die Streben und Spanndrähte an Doppeldeckern leisten oft einen erheblichen Beitrag zur Festigkeit der Konstruktion.

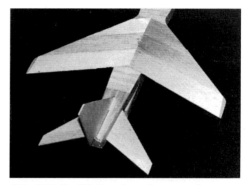

Abb. 245: Brettleitwerke mit gesperrten Randbögen sind schnell und einfach zu bauen.

Leitwerke

Höhen- und Seitenleitwerke sitzen meist weit hinter dem Schwerpunkt des Modells. Deshalb ist Leichtbau bei den Leitwerken ganz besonders wichtig, aber ebenso Steifigkeit und eine sichere Befestigung am Rumpf.

Die Leitwerke können direkt mit dem Rumpf verklebt und die Klebestellen mit Dreikantleisten aus Balsa verstärkt werden. Die Dreikantleisten erhöhen nicht nur die Stabilität der Klebestellen, sondern reduzieren durch ihre Form auch den Interferenzwiderstand am Übergang vom Rumpf zu den Leitwerken und/oder zwischen den Leitwerken.

Die Ruder werden an den Dämpfungsflächen meist mit Scharnieren befestigt. Manche Scharniertypen setzen eine recht dicke Endleiste der Dämpfungsfläche voraus oder Balsaklötze vor der Endleiste, welche die Scharniere aufnehmen. Der Aufbau der Dämpfungsfläche richtet sich also ggf. nach der Wahl der Ruderbefestigung oder umgekehrt.

Brettleitwerke

Die einfachste Form des Leitwerks ist das Brettleitwerk. Damit sich das Leitwerk nicht verzieht oder verdreht, werden Randbogen angeklebt, deren Maserung im rechten Winkel zur Maserung des Leitwerks verläuft (Abb. 246).

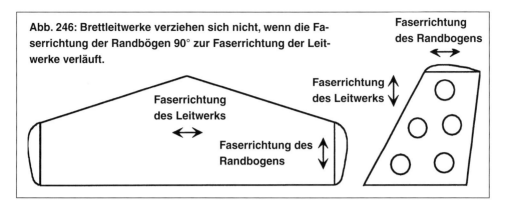

Abb. 246: Brettleitwerke verziehen sich nicht, wenn die Faserrichtung der Randbögen 90° zur Faserrichtung der Leitwerke verläuft.

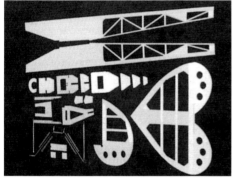

Abb. 247: Die Leitwerke dieses Modells sind aus Leisten aufgebaut, die Ruder besitzen Erleichterungsbohrungen.

Die Dicke des Materials kann von 3 mm bei kleinen, leichten Modellen bis 9 mm bei großen, stark motorisierten Modellen reichen. Das Gewicht des Leitwerks kann durch Erleichterungsbohrungen reduziert werden. In Verbindung mit transparenter Folie ergibt das sogar einen interessanten optischen Effekt.

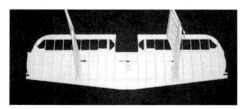

Abb. 248: Der Kern der Dämpfungsflächen besteht aus Balsabrettchen und horizontal geteilten Rippen, die Ruder sind aus Leisten aufgebaut.

Leitwerke aus Leisten

Besonders leichte und stabile Leitwerke entstehen aus Leisten oder Holm/Rippen-Konstruktionen. Die Randbögen werden ggf. aus Balsabrettchen oder -klötzen angefertigt und mit dem Leitwerk verschliffen.

Leitwerke mit Balsakern

Diese Bauweise wird besonders bei Scale-Modellen gerne verwendet. Horizontal geteilte Rippen werden von oben und unten gegen ein Brettleitwerk geklebt (Abb. 249) und ergeben eine leichte und stabile Konstruktion.

Styropor

Mit Balsa beplankte Leitwerke aus Styropor sind schnell gebaut, aber aufgrund ihres Gewichts vor allem für Modelle mit langem Rumpf nicht ideal. Erleichterungsbohrungen und leichtes Beplankungsmaterial heben diesen Nachteil ggf. auf.

V-Leitwerke

Das V-Leitwerk unterscheidet sich hinsichtlich seiner Konstruktion vom Kreuzleitwerk nur dadurch, dass man eine Möglichkeit finden muss, die zwei Leitwerkshälften im gewünschten Winkel zueinander und zum Rumpf zu verbinden. Hierzu sind ggf. leichte Verbindungswinkel und eine entsprechende Auflage in der Rumpfoberseite nötig, oder aber im richtigen Winkel angebrachte Schlitze in den Rumpfseiten.

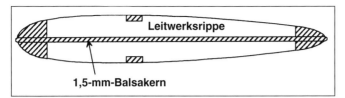

Abb. 249: Leitwerke aus Balsabrettchen mit horizontal geteilten Rippen auf Ober- und Unterseite sind leicht und sehr stabil.

Befestigung des Höhenleitwerks am Rumpf

Die Befestigung des Höhenleitwerks am Rumpf ist besonders wichtig, weil von ihr der Einstellwinkel des Leitwerks zur Bezugslinie des Modells und vor allem die Einstellwinkeldifferenz der Tragfläche abhängt.

Alle Konstruktionsarbeit war umsonst, wenn das Leitwerk nicht akkurat positioniert und sicher befestigt werden kann. Am einfachsten ist es, das Leitwerk auf oder unter den Rumpf zu setzen. Diese Möglichkeiten erlauben eine problemlose und exakte Einstellung des Leitwerks. Schwieriger ist es, wenn das Leitwerk in der Mitte der Rumpfseiten sitzt, noch anspruchsvoller ist die Anordnung im oder auf dem Seitenleitwerk.

In den beiden letztgenannten Fällen kann die Hebelwirkung des Höhenleitwerks problematisch sein, die Verlegung der Höhenruderanlenkung und die Vibration des Motors. Deshalb muss das Seitenleitwerk besonders stabil und drehsteif ausgeführt werden. Bei entsprechender Bauweise lässt sich aber auch für diese Anordnung des Höhenleitwerks eine Lösung finden.

Die althergebrachte Methode, Gummiringe zur Befestigung des Höhenleitwerks zu verwenden, ist keine gut Lösung, da jede Bewegung des Leitwerks auch die Neutralstellung des Ruders verändert.

Ein ganz anderer Fall sind die Pendelleitwerke. Pendelleitwerke werden in einem Drehpunkt im Rumpf sicher und stabil gelagert; der Drehpunkt liegt bei etwa 25% der Leitwerkstiefe. Wie die Befestigung eines Pendelleitwerks aussieht, wird im folgenden Kapitel besprochen.

Fahrwerke

Das Fahrwerk ermöglicht dem Modell den Start vom Boden und die sichere Rückkehr nach dem Flug. Im Flug sind das Gewicht des Fahrwerks und sein Widerstand allerdings unerwünscht. Beide Faktoren müssen bei der Wahl des Fahrwerks in Betracht gezogen werden. Weiter unten werden wir in diesem Kapitel noch über Schwimmer und Rümpfe für Wasserflugmodelle sprechen und über Skier zum Starten und Landen auf Schnee.

Starre Fahrwerke

Die einfachsten ist es, wenn ein Modell auf dem Bauch oder auf einer Kufe landet. Eine Rumpfunterseite aus Sperrholz oder eine Kiefernleiste für die Kufe, ggf. noch mit GFK verstärkt, sind alles, was man dazu braucht. Ein starres Fahrwerk sollte so leicht wie möglich sein, meist besteht es aus Federstahl. Leider verursacht es auch eine Menge Widerstand, dem man mit stromlinienförmigen Verkleidungen für Fahrwerksbeine und Räder begegnen kann. Aber Vorsicht! Radverkleidungen sind beim Starten von der Graspiste problematisch, wenn es nicht gerade ein Golfrasen ist.

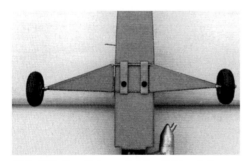

Abb. 250: Das Fahrwerk ist mit Aluminiumlaschen befestigt. Die Fahrwerksdrähte sind mit Folie verkleidet.

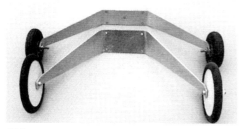

Abb. 251: Hauptfahrwerke aus Aluminium sind einfach zu bauen und sehen schick aus.

Hauptfahrwerke können auch aus Duraluminium gebogen werden. Die Räder werden mit Schrauben und Muttern oder einem Federstahlstift an den Fahrwerksbeinen befestigt.

GFK-Fahrwerke haben eine ganz ähnliche Form, ein geringes Gewicht und sind leicht gefedert. Kohlefasern können verwendet werden, um die Festigkeit des Fahrwerks zu erhöhen oder sein Gewicht zu verringern. Fahrwerke aus Aluminium oder GFK sehen sehr originalgetreu aus und erinnern an die Fahrwerke von Piper Cubs oder anderen Leichtflugzeugen.

Gefederte Fahrwerke

Eine Fahrwerksfederung mildert die Landestöße, wenn die Landung einmal nicht perfekt ist. Viele starre Fahrwerke müssen mit den Federeigenschaften des Fahrwerksmaterials auskommen, Schraubenfedern am Bugfahrwerk und eine Torsionsfederung an den

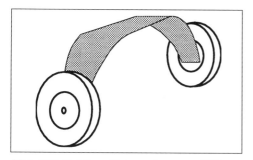

Abb. 252: Bei Hauptfahrwerken aus GFK sind die Fahrwerksbeine meist gebogen, um die Last besser zu verteilen.

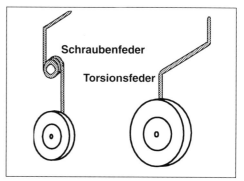

Abb. 253: Gefederte Fahrwerksbeine besitzen meist Schraubenfedern oder Torsionsfederung.

Hauptfahrwerksbeinen sind aber heute schon die Norm.

Natürlich gibt es auch andere Arten der Federung. Mit Hilfe von Spiralfedern kann z. B. die Funktion von Teleskopfahrwerken sehr wirklichkeitsnah nachgeahmt werden. Zur Aufhängung und Federung des Fahrwerks können Schwingen aus Federstahl, Messingröhrchen oder sogar aus Holzstreifen angefertigt werden.

Komplexe Fahrwerksteile können mit Hilfe von Kartonschablonen exakt zugeschnitten und ausgerichtet werden. Der zusätzliche Bauaufwand eines originalgetreu funktionierenden Fahrwerks ist vergessen, wenn Sie das Aus- und Einfedern des Fahrwerks bei Start und Landung beobachten können.

Abb. 254: Ein Verhau aus Streben, Drähten und Federn ist das Fahrwerk dieses Oldtimers.

Abb. 255: Das Fahrwerk dieses Tragschraubers ist mit einer Torsionsfederung und zusätzlich mit Teleskopfedern in den Fahrwerksbeinen ausgestattet. Der Sinkflug des Modells kann recht steil ausfallen.

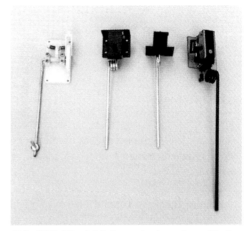

Abb. 256: Einziehfahrwerke in unterschiedlichen Ausführungen und mit unterschiedlichen Befestigungskonzepten.

Einziehfahrwerke

Einziehfahrwerke mögen beim durchschnittlichen Sportmodell nicht üblich sein, bei Kunstflugmaschinen und natürlich bei Scale-Modellen sind sie Standard. Wichtige Faktoren beim Einziehfahrwerk sind der Einziehmechanismus, die Fahrwerksbefestigung, die Gestaltung der Fahrwerksschächte und -klappen.

Einziehmechanismus

Die im Handel erhältlichen Einziehfahrwerke werden entweder pneumatisch, von einem kräftigen Fahrwerksservo oder elektrisch über ein Getriebe betätigt.

Fahrwerksbefestigung

Einziehfahrwerke werden am einfachsten an in das Styropor eingelassenen Holzleisten oder – im Falle eines Rippenflügels – an mit Sperrholz verstärkten Rippen und Holmen befestigt. Die Anpassung der Lagerung an die Befestigungspunkte der Fahrwerke ist in der Regel kein Problem. Wie bei starren Fahrwerken, so ist es auch bei Einziehfahrwerken besonders wichtig, dass die auftretenden Belastungen gleichmäßig in Rumpf und Tragfläche eingeleitet werden. Eine durchdachte Konstruktion oder gezielt eingesetzte Verstärkungen, z. B. aus GFK, sind hier erforderlich.

Fahrwerksschächte

Die Fahrwerksschächte müssen etwas größer sein, als es allein zur Unterbringung der Fahrwerksbeine und der Räder nötig wäre. Denn bei Start und Landung können sich die Fahrwerksbeine verbiegen oder die Räder mit Schmutz zusetzen.

Sind die Fahrwerksschächte nicht groß genug, kann es passieren, dass sie beim Einfahren der Fahrwerksbeine beschädigt werden. Im schlimmsten Fall kann sich ein Fahrwerksbein im eingefahrenen Zustand verklemmen. Das kann beim Landeanflug zu einiger Aufregung führen, und im Falle eines elektrischen Einziehfahrwerks kann sich der Fahrwerksakku durch diese Panne entleeren.

Fahrwerksklappen

Fahrwerksklappen, die sich über dem eingefahrenen Fahrwerk schließen, reduzieren den Widerstand des Modells im Flug und tragen zu einem realistischen Aussehen des Modells bei. Die Aufhängung der Klappen und der Betätigungsmechanismus müssen zuverlässig funktionieren. Die Klappen können mit den Fahrwerksbeinen direkt gekoppelt oder über einen separaten Mechanismus betätigt werden.

Zwei- oder Dreibeinfahrwerk

Bugfahrwerke
Die meisten RC-Trainer besitzen Dreibeinfahrwerke wegen der eindeutigen Vorteile dieser Konfiguration. Mit einem lenkbaren Bugfahrwerk ausgestattete Modelle sind auch am Boden und bei geringer Rollgeschwindigkeit gut steuerbar. Wird das Bugrad über einen Bowdenzug angelenkt, der mit dem Seitenruderservo (oder dem Querruderservo) verbunden ist, bietet dieser gleichzeitig einen guten Schutz gegen härtere Fahrwerksstöße.

Zweibeinfahrwerke
Zweibeinfahrwerke sind leichter als Dreibeinfahrwerke und haben einen geringeren Widerstand. Wer den Bodenstart mit Zweibeinfahrwerk einmal gemeistert hat, wird diesem Fahrwerkstyp den Vorzug geben.

Am Heck des Modells wird ein einfacher Sporn aus Federstahl oder Holz angebracht, am besten gefedert. Besser ist aber ein Spornrad, im einfachsten Fall ungesteuert. Ein lenkbares Spornrad, das mit dem Seitenruder gekoppelt ist, verbessert die Rolleigenschaften des Modells am Boden deutlich.

Modelle mit geschlepptem Spornrad sind am Boden schwieriger zu handhaben und neigen zum Ausbrechen, wenn der Pilot nicht gefühlvoll mit der Drossel umgeht.

Abb. 258: Anlenkung von Seitenruder und Spornrad mit Steuerseilen. Spiralfedern verhindern, dass Stoßbelastungen auf das Servo durchschlagen.

Wichtig für alle Arten von Spornen und Spornrädern ist eine stabile und sichere Befestigung am Modell.

Räder
Nach den Fahrwerkstypen sind nun die Räder an der Reihe. Wie groß müssen die Räder eigentlich sein? Je glatter die Starbahn, desto kleiner können die Räder sein und desto geringer ist ihr Gewicht und ihr Luftwiderstand. Größere Räder werden besser mit unebenen Startbahnen fertig und verfangen sich nicht so leicht im Gras.

Die Räder sollten so gewählt werden, dass sie zum Modell passen. Und die Auswahl ist groß. Zu berücksichtigen ist:

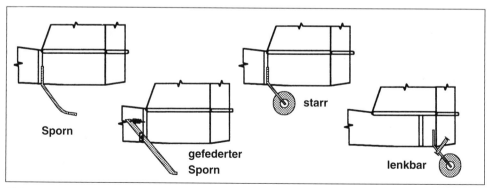

Abb. 257: Am Heck kann ein einfacher Sporn, ein gesteuertes oder ungesteuertes Spornrad angebracht werden. Modelle mit geschlepptem Spornrad sind am Boden schwierig zu steuern.

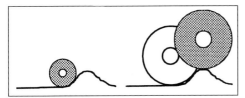

Abb. 259: Größere Räder werden besser mit unebenen Startbahnen fertig als kleine.

- die Größe des Modells
- das Gewicht des Modells
- die Art des Modells
- die Bodenbeschaffenheit der Startbahn
- die Radposition: Hauptfahrwerk, Bugfahrwerk, Spornrad

Bei schnellen Modellen ist der Widerstand des Fahrwerks und der Räder ein Thema. Schmale Räder und Radverkleidungen können hier von Vorteil sein.

Radverkleidungen

Radverkleidungen sehen nicht nur gut aus, sie reduzieren auch den Luftwiderstand der Räder. Sie können aus Balsa und Sperrholz aufgebaut werden, lassen sich aber auch sehr gut aus ABS oder GFK herstellen. Noch wichtiger ist die Art der Befestigung an den Fahrwerksbeinen und dass sie schnell vom Rad abgebaut werden können.

Am besten wird schon beim Bau eine Metallkonstruktion zur Befestigung der Radverkleidung integriert.

Abb. 260: Räder in verschiedenen Größen und Ausführungen.

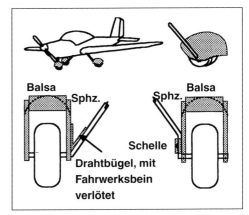

Abb. 261: Radverkleidungen können aus Balsa und Sperrholz, aus GFK oder ABS angefertigt werden.

Einbau

Bugfahrwerke werden normalerweise am Motorspant montiert. Viele im Handel erhältliche Motorträger sind deshalb so geformt, dass das Bugfahrwerk zwischen Motorträger und Spant eingeschlossen wird. Das Bugfahrwerk kann allerdings auch mit Laschen am Motorspant befestigt werden.

Die Beine des Hauptfahrwerks werden ebenfalls häufig mit Laschen in genuteten Fahrwerksträgern aus Hartholz befestigt. Eine weitere Nutleiste arretiert den als Torsionsfeder wirkenden vertikalen Schenkel am oberen Ende des Fahrwerksstahls. Die

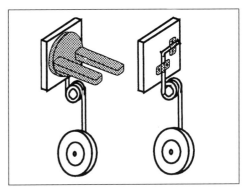

Abb. 262: Das Bugfahrwerk kann in speziellen Motorträgern oder mit Laschen am Motorspant befestigt werden.

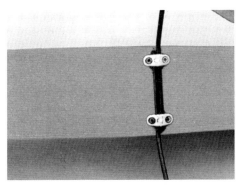

Abb. 263: Befestigungslaschen halten die hintereinander angeordneten Fahrwerksbeine am Rumpf.

Fahrwerksträger werden an entsprechend verstärkten Rippen befestigt. Bei Styroportragflächen werden die Fahrwerksträger in passende Ausschnitte in der Fläche eingeklebt. Eine Alternative sind am Rumpf montierte Hauptfahrwerke. Sie werden ähnlich befestigt wie die Fahrwerksbeine in der Tragfläche, die torsionsgefederten Fahrwerksbeine werden dabei hintereinander angeordnet (Abb. 263).

Hauptfahrwerke aus Aluminium oder abgestrebte Fahrwerke aus Stahldraht können auf unterschiedliche Weise am Rumpf befestigt werden. Eine einfache Möglichkeit ist die Montage mit Dübeln und Gummiringen. Bei einer Variante wird die hintere Fahrwerks-

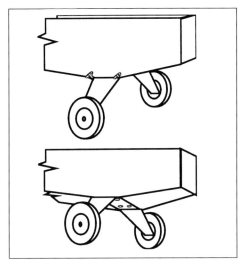

Abb. 265: Typische Methoden zur Befestigung des Hauptfahrwerks: Dübel und Gummiringe (oben), Schrauben und Muttern (unten).

verstrebung mit Laschen drehbar am Rumpf gelagert und die Hauptfahrwerksbeine mit Gummiringen an einem Dübel befestigt. Fahrwerke können auch mit Schrauben fixiert oder einfach in passende Bohrungen eingesteckt werden.

Unabhängig von der Art der Befestigung sollte die Spurweite der Haupträder etwa 20% bis 25% der Spannweite betragen, damit das Modell eine gute Fahrstabilität hat.

Wasserflugmodelle

Ein Wasserflugmodell muss zunächst einmal wasserdicht sein, damit keine Feuchtigkeit an die RC-Anlage gelangt. Es muss so im Wasser liegen, dass es beim Beschleunigen nicht unterschneidet, sondern die Nase aus dem Wasser hebt. Gischt, der von Rumpf oder Schwimmern beim Start empor gewirbelt wird, darf nicht in den Propellerkreis gelangen. Über das Thema Wasserflugzeuge und Flugboote könnte man leicht ein eigenes Buch schreiben. Hier soll nur gezeigt werden, wie man funktionstüchtige Schwimmer oder den Rumpf eines Flugbootes baut.

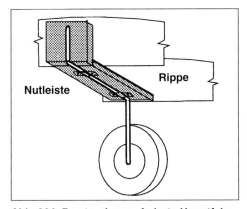

Abb. 264: Das torsionsgefederte Hauptfahrwerksbein wird mit Laschen in einer Nutleiste befestigt.

Abb. 266: Ein Oldtimer mit Schwimmern. Dahinter die aktuellere Version eines Schwimmers.

Schwimmer

Ein konventionelles Fahrwerk lässt sich recht schnell durch ein Paar Schwimmer ersetzen. Die Schwimmer müssen etwa das Doppelte des Modellgewichts verdrängen. Im metrischen System ist das eine einfache Sache. Für jedes Kilogramm Modellgewicht (inklusive Schwimmer) muss ein Volumen von 1000 cm³ Wasser verdrängt werden.

Wie man Schwimmer richtig dimensioniert, zeigt Abb. 267. Die Angaben beziehen sich dabei auf die Länge des Rumpfes; für besonders kurze Rümpfe sollten diese Werte erhöht werden und umgekehrt. Schwimmer können aus Styropor geschnitten oder konventionell aus Balsa und Sperrholz aufgebaut werden.

Spritzleisten an den Rändern der Schwimmer drängen das Wasser zur Seite und reduzieren den aufgewirbelten Gischt. Kleine Wasserruder, die mit dem Seitenruder des Modells gekoppelt sind, verbessern die Manövrierfähigkeit des Modells auf dem Wasser erheblich.

Die Schwimmer müssen so am Modell befestigt werden, dass sich der Schwerpunkt über der Stufe der Schwimmer befindet. Denken Sie daran, dass auch das Gewicht der Schwimmer selbst Einfluss auf die Lage des Schwerpunkts haben kann.

Die Funktion der Stufe besteht darin, beim Start das Gleiten des Flugmodells zu verbessern. Verstärkte Befestigungspunkte dienen zur Montage der Streben an den Schwimmern mit Laschen und Schrauben. Besonders wichtig ist es, dass die Schwimmer genau parallel zur Rumpfmittellinie ausgerichtet sind, damit sie möglichst wenig Widerstand verursachen.

Das Modell muss so auf den Schwimmern ausgerichtet sein, dass die Tragfläche leicht angestellt ist. Sonst hebt das Modell nicht vom Wasser ab. Wenn Sie von feuchtem Gras starten wollen, muss die Unterseite der Schwimmer ggf. verstärkt werden.

Flugboote

Beim Flugboot liegt der Schwerpunkt auf der Gestaltung des Rumpfes, der im Grunde nichts anderes ist als ein Schwimmer, nur größer. Normalerweise sorgen Stützschwimmer

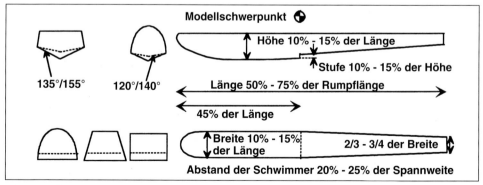

Abb. 267: Schwimmer sind nicht schwierig zu konstruieren und erweitern den Einsatzbereich des Modells.

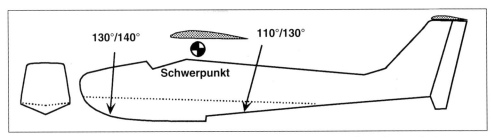

Abb. 268: Typische Proportionen eines Flugbootrumpfes, die gute Starteigenschaften gewährleisten.

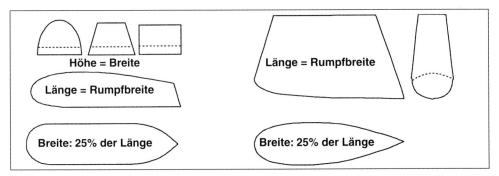

Abb. 269: Zwei unterschiedliche Schwimmertypen. Der Schwimmer links wird mit Streben an der Tragfläche montiert, der Schwimmer rechts ist direkt am Flügel angebaut.

dafür, dass das Flugboot auf dem Wasser im Gleichgewicht bleibt. Wichtig ist die Verwendung von wasserfestem Klebstoff beim Bau des Modells.

Der Schwerpunkt des Flugbootes sollte direkt über oder knapp vor der Stufe liegen. Wie beim Bootsrumpf, sind die Flanken des Schwimmkörpers im vorderen Bereich steil und laufen nach hinten flach aus. Spritzleisten und Wasserruder sind beim Flugboot, wie auch beim Wasserflugzeug, von Vorteil.

Stützschwimmer

Zwei Arten von Stützschwimmern sind bei Flugbooten üblich: mit Streben an den Tragflächen befestigte Stützschwimmer und solche, die in die Flügel integriert sind. Typische Abmessungen für beide Arten von Stützschwimmern zeigt Abb. 269.

Stützschwimmer sollten ungefähr im Bereich der Halbspannweite sitzen und so angebracht werden, dass sie die Wasseroberfläche gerade berühren, wenn das Flugboot im Wasser liegt. Sie sind dabei in einem Winkel von 3° bis 5° nach außen geneigt, die Unterseite der Schwimmer ist in einem Winkel von ca. 3° angestellt.

Das Volumen der Stützschwimmer richtet sich nach der Länge und Breite des Rumpfes. Je weiter außen die Schwimmer an der Tragfläche sitzen, desto kleiner und leichter sollten sie sein.

Starten und landen auf Schnee

Die meisten Modelle können auf Schwimmer oder auch auf Skier umgerüstet werden und wie Schwimmer müssen auch die Skier exakt parallel zur Rumpflängsachse ausgerichtet sein.

Wie groß die Skier eines Modells sein müssen, kann recht einfach anhand von Abb. 271 festgelegt werden. Hier wird die Größe der Skier im Verhältnis zum Modellgewicht bestimmt.

Abb. 270: Dieser alte Flugbootrumpf zeigt die typische Formgebung.

Skier lassen sich gut aus mehreren Lagen von hochwertigem Sperrholz anfertigen, die vorne nach oben gebogen und miteinander verleimt werden. Die Skier werden abschließend lackiert und gewachst.

Die Breite der Skier steht im direkten Verhältnis zu ihrer Länge. Sie müssen parallel zur Rumpflängsachse ausgerichtet sein und der Modellschwerpunkt sollte sich in Längsrichtung über der Mitte der Skier befinden. Der Abstand zwischen den beiden Skiern entspricht dem Abstand zwischen den Rädern beim konventionellen Fahrwerk.

Auch bei Skiern ist eine Federung von Vorteil, denn Landestöße treten sogar bei einer scheinbar glatten Schneeoberfläche auf. Die hier gezeigten Skier können anstelle eines konventionellen Fahrwerks in passende Bohrungen in den Rumpf gesteckt werden. Das Umrüsten dauert nur wenige Minuten.

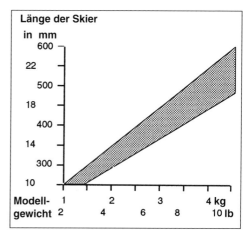

Abb. 271: Die Länge der Skier ist vom Modellgewicht abhängig.

Abb. 273: Skier lassen sich am Modell genauso einfach montieren, wie ein herkömmliches Fahrwerk.

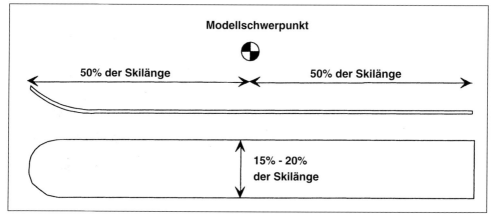

Abb. 272: Skier für das Modellflugzeug sind eine schöne Abwechslung für die kalte Jahreszeit.

10 Steuerorgane

Hauptsteuerorgane

Die Hauptsteuerorgane eines konventionellen Modells sind Höhenruder, Querruder und Seitenruder. Manche Modelle sind mit Elevons anstelle von Höhen- und Querrudern ausgestattet, oder mit einem V-Leitwerk, in dem die Funktionen von Höhenruder und Seitenruder kombiniert werden. Störklappen und Wölbklappen sind weitere mögliche Steuerorgane.

Höhenruder

Das Höhenruder ist an der Höhenruderdämpfungsfläche aufgehängt und steuert das Modell um die Nickachse. Die Größe des Ruderausschlags, der für eine Änderung der Fluglage nötig ist, hängt ab von der Geschwindigkeit des Flugmodells. Ein langsames Modell benötigt größere Ruderausschläge als ein schnelles Modell.

Höhenruder gibt es in verschiedenen Varianten:

- aus Balsabrettchen geschnitten
- aus Endleisten geschnitten
- aus Leisten aufgebaut, mit und ohne Beplankung
- aus Balsakern mit Rippen auf Ober- und Unterseite

Eine attraktive Lösung sind geteilte Ruderklappen, die entweder mit Kiefernleisten oder einem abgewinkelten Federstahldraht

Abb. 274: Komplexes Leitwerk an einem Doppeldecker.

verbunden werden. Alternativ können die beiden Ruderblätter separat über Stahldrähte oder Bowdenzüge angelenkt werden.

Querruder

Querruder gibt es in zwei Varianten: Sie sind entweder in die Fläche eingesetzt und damit Teil des äußeren Tragflächenabschnitts oder sie sind als Streifenquerruder an der Endleiste der Tragfläche angeschlagen. Beide werden meist aus Teilen der Endleiste angefertigt, eingesetzte Querruder werden häufig auch

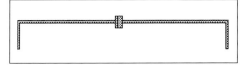

Abb. 275: Höhenruderanlenkhebel als Fertigteil: Eine einfache und stabile Möglichkeit zur Verbindung geteilter Höhenruder.

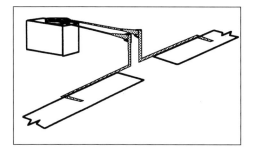

Abb. 276: Einfache Querruderanlenkung mit Zentralservo.

aus den Enden der Tragflächenrippen und aus Leisten aufgebaut. Eine Differenzierung des Querruderausschlags wird erreicht durch:

- die entsprechende Anordnung der Ruderhörner
- die entsprechende Stellung der Servohebel
- spezielle Umlenkhebel in der Tragfläche
- separate Querruderservos und einen programmierbaren Sender

Eingesetzte Querruder sind etwas aufwändiger im Bau als Höhenruder. Eine Torsionsanlenkung über Stahldrähte und Messingröhrchen ist einfach und spielfrei, Alternativen sind die Anlenkung über Schubstangen und Umlenkhebel oder über Bowdenzüge.

Streifenquerruder werden direkt an der Endleiste der Tragfläche angeschlagen. Spezielle Querruderantriebe (in Röhrchen gelagerter Stahldraht) erlauben eine einfache und spielfreie Anlenkung der Ruder (Abb. 276).

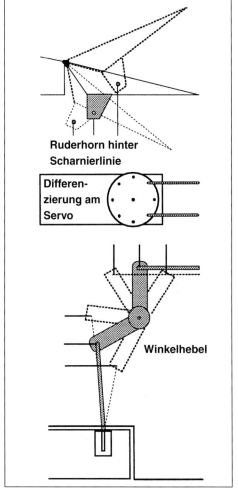

Abb. 278: Eine Differenzierung des Querruderausschlags erreicht man durch Versetzen des Ruderhorns, mit Hilfe spezieller Winkelhebel oder durch entsprechenden Anschluss am Servo.

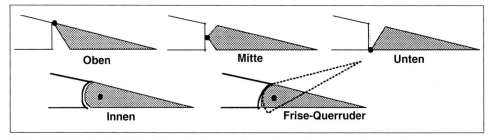

Abb. 277: Unterschiedliche Scharnierlinien bei der Befestigung von Querrudern.

Querruderscharniere

Die Scharnierlinie kann an der Oberkante des Querruders, in der Mitte oder an der Unterkante verlaufen. Eine besonders einfache Möglichkeit, die außerdem noch aerodynamisch günstiger ist, sind Folienscharniere.

Differenzierung und Frise-Querruder

Das negative Wendemoment kann durch die Differenzierung der Querruderausschläge oder die Verwendung von Frise-Querrudern verringert werden. Wie die Differenzierung funktioniert und welche Möglichkeiten es gibt, zeigt Abb. 278. Die Entscheidung, welche der Möglichkeiten Sie verwenden wollen, sollte auf jeden Fall vor Baubeginn fallen.

Beim Frise-Querruder liegt die Scharnierlinie innerhalb der Ruderklappe, so dass beim Ausschlag nach oben die Nase des Querruders nach unten in den Luftstrom ragt. Der Widerstand, der dabei entsteht, unterstützt die Drehung des Modells. Abb. 279 zeigt einen Schnitt durch ein typisches Frise-Querruder.

Je nach Bauweise kann der Übergang von der Tragflächenoberseite zum Querruder z. B. mit Hilfe von Dreikantleisten hergestellt werden. Der größere Aufwand für den Einbau von Frise-Querrudern im Vergleich zu herkömmlichen Querrudern mit Differenzierung ist in der Regel nur bei Scale-Modellen gerechtfertigt.

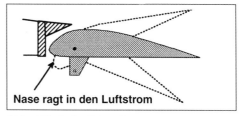

Abb. 279: Beim Frise-Querruder liegt die Scharnierlinie innerhalb des Ruders.

Störklappen als Querruder

Störklappen können anstelle von Querrudern eingesetzt werden. Im Aufbau unterscheiden sie sich nicht von herkömmlichen Störklappen, sie sind allerdings weiter außen am Flügel angeordnet. Im Gegensatz zu Querrudern werden Sie einzeln betätigt. Einzelheiten über den Bau von Störklappen finden Sie weiter unten in diesem Kapitel im Abschnitt über Luftbremsen.

Elevons

Elevons unterscheiden sich in ihrem Aufbau nicht von Höhen- oder Querrudern. Ihr Einsatz setzt jedoch eine Art von Mischer voraus. Bei modernen Fernsteuersendern gehören Mischer bereits zum Standard. Wer diese Möglichkeit nicht hat, kann sich mit einem im Flugzeug eingebauten elektronischen oder mechanischen Mischer behelfen. Wie ein mechanischer Mischer funktioniert, zeigt Abb. 280.

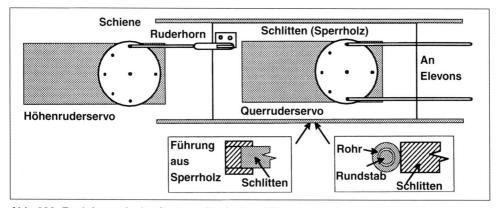

Abb. 280: Funktionsprinzip eines mechanischen Mischers zur Anlenkung von Elevons.

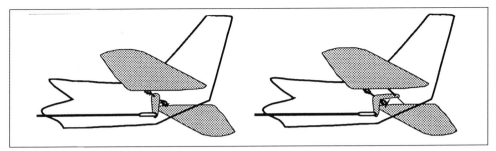

Abb. 281: Pendelhöhenleitwerke werden mit einem Höhenruderanlenkhebel oder über zwei Stahldrähte und einen Ruderhebel angelenkt, wobei ein Stahldraht als Drehachse fungiert.

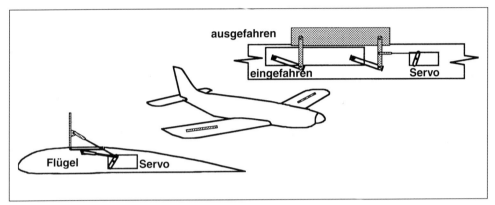

Abb. 282: Die Stellkraft des oder der Servos muss bei der Wahl des Mechanismus zum Ausfahren der Luftbremsen berücksichtigt werden.

Seitenruder

Das Seitenruder befindet sich meist ganz hinten am Flugzeug und muss daher entsprechend leicht sein. Meist wird es aus einem einfachen Balsabrettchen geschnitten, es kann aber auch einen komplexeren Aufbau aus Leisten oder Rippen besitzen.

Pendelleitwerke

Pendelhöhenleitwerke werden meist zweiteilig ausgeführt, die beiden Hälften werden mit zwei Stahldrähten verbunden. Ein Stahldraht fungiert dabei als Lager und Drehachse, am anderen Stahldraht ist der Ruderhebel befestigt. Das Pendelleitwerk muss spielfrei und sicher im Rumpf oder in der Seitenruderdämpfungsfläche gelagert sein.

Für Pendelseitenleitwerke gilt dies entsprechend.

Luftbremsen

In Abb. 282 sind zwei sehr verbreitete Arten von Luftbremsen dargestellt, die in den Tragflächen montiert werden. Im ersten Fall wird die Störklappe an der Tragflächenoberseite nach vorne aufgeklappt, im zweiten Fall fährt die Störklappe mit einer seitlichen Bewegung nach oben aus der Tragfläche. Die Störklappen selbst können aus Balsa oder Sperrholz angefertigt werden. Wichtig ist, dass sie steif genug sind, um sich nicht zu verziehen, wenn sie dem Luftstrom ausgesetzt sind.

Abb. 283 zeigt die Verwendung des Seitenruders als Bremsklappe. Für die Betätigung ist ein Mischer erforderlich. Zwei Ruderhälften werden nebeneinander an der Dämpfungsfläche angeschlagen und schlagen als Seitenruder gleichsinnig, als Bremsklappe gegensinnig aus. Bei der Befestigung der

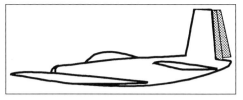

Abb. 283: Wird das Seitenruders als Bremsklappe verwendet, sind keine Lastigkeitsänderungen zu befürchten.

Abb. 285: Spreizklappen aus 0,8-mm-Balsa und 0,4-mm-Sperrholz.

Ruderhälften muss darauf geachtet werden, dass sie sich in ihren beiden Funktionen nicht gegenseitig behindern.

Luftbremsen sind bei Motormodellen eher die Ausnahme; bei schnellen Modellen mit geringem Widerstand können sie sich aber als sehr nützlich erweisen.

Einfache Wölbklappen und Spreizklappen

Einfache Wölbklappen unterscheiden sich in Aufbau und Montage praktisch nicht von Querrudern. Schwierigkeiten kann es allerdings dann geben, wenn für beide Klappen eine Torsionsanlenkung vorgesehen ist. In diesem Fall ist es möglich, die Anlenkung der Querruder durch die Anlenkung der Wölbklappen zu führen. Eine Alternative ist es, die Querruder über Bowdenzüge anzulenken oder gleich Streifenquerruder zu verwenden, die auch die Funktion der Wölbklappen übernehmen.

Spreizklappen müssen besonders dünn sein, damit sie vollständig in die Flächenunterseite einklappen können. Die Klappen werden am besten aus Sperrholz angefertigt. Schmale Verstärkungsleisten können ggf. zur Versteifung der Klappe aufgeklebt werden.

Scharniere

Gute Scharniere sind:

- leicht zu montieren
- einfach auszurichten
- sicher
- stabil
- leichtgängig
- leicht

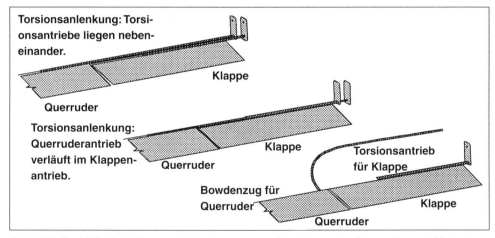

Abb. 284: Drei Möglichkeiten zur Anlenkung von außen liegenden Querrudern und innen liegenden Klappen.

Typ	Preis	Montage	Scharnierspalt	Beweglichkeit	Festigkeit
Zweiteilig	Hoch	Mäßig	Ja	Ausgezeichnet	Hoch
Stift	Hoch	Einfach	Ja	Ausgezeichnet	Hoch
Kunststoff, einteilig	Hoch	Mäßig	Ja	Gut	Mittel
Gewebe	Mittel	Mäßig	Möglich	Gut	Mittel
Stahldraht, Rohr	Mittel	Schwierig	Ja	Ausgezeichnet	Hoch
Folienscharnier	Gering	Mäßig	Nein	Gut	Mittel
Gewebe	Hoch	Einfach	Nein	Gut	Hoch
Zwirn	Gering	Schwierig	Ja	Ausgezeichnet	Mittel

Tabelle 30: Die wichtigsten Eigenschaften verschiedener Scharniertypen.

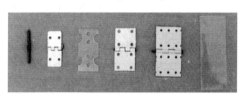

Abb. 286: Scharniere in verschiedenen Ausführungen. Von links: Stiftscharnier, konventionelle Kunststoffscharniere, Gewebescharnier.

Scharniere gibt es in großer Auswahl und jede Sorte hat ihre Vor- und Nachteile. Welche Scharniere für welchen Zweck am Modell verwendet werden sollen, muss bereits im Planungsstadium festgelegt werden. Um die Arbeit des Servos zu erleichtern, kann die Scharnierlinie ein Stück in das Ruder hinein verlegt werden, wie in Kapitel 7 bereits erläutert wurde. Das ist bei Stiftscharnieren eine recht einfache Maßnahme und auch, wenn die Drehachse ein durchgehender Stahldraht ist. Bei den meisten Modellen ist es aber völlig ausreichend, wenn die Scharnierlinie an der Vorderkante des Ruders verläuft.

Die RC-Anlage

Die RC-Anlage ist das Herz des ferngesteuerten Flugmodells. Damit die Anlage einwandfrei funktioniert, müssen alle Komponenten gegen Vibrationen des Antriebs geschützt sein und auch gegen unbeabsichtigten Bodenkontakt.

Bezeichnung	Gewicht g	Gewicht oz	Bezeichnung	Gewicht g	Gewicht oz
Standard-Empf.	60	2	150-mAh-NiCad	32	1,2
Mini-Empf.	30	1	225-mAh-NiCad	45	1,6
Standard-Servo	50	1,75	500-mAh-NiCad	76	2,7
Mini-Servo	25-30	1	850-mAh-NiCad	100	3,6
Micro-Servo	15	0,5	1200-mAh-NiCad	112	4
Power-Servo	90	3	Schalter (E-Flug)	60	2
EZFW-Servo	50	1,75	Flugregler	90	3

Tabelle 31: Beispiele für das Gewicht verschiedener Komponenten der RC-Anlage.

Abb. 287: Modelle von RC-Komponenten aus Balsa oder Verpackungsteilen zur Planung der Raumaufteilung im Modell.

Die Planung

Bereits beim Entwurf eines Modells, spätestens aber beim Bau muss der RC-Einbau berücksichtigt werden. Bei kleinen Modellen geht es oft recht eng zu, so dass sich eine sorgfältige Planung bezahlt macht.

Die Anlage sollte so im Modell platziert werden, dass möglichst wenig Blei zum Einstellen des Schwerpunktes benötigt wird. So kann man z. B. anstelle von Bleiballast einen größeren Akku für längere Flugzeiten wählen.

Besonders bei großen Modellen muss man auf sorgfältig und spielfrei verlegte Anlenkungen achten. Wenn die RC-Anlage bereits in einem anderen Modell installiert ist, kann man zur Planung der Raumaufteilung Modelle der jeweiligen RC-Komponenten anfertigen und im Rumpf platzieren. Beispiele zeigt Abb. 287.

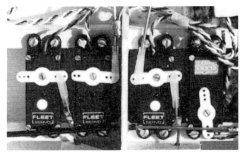

Abb. 288: In manchen Rümpfen finden sogar vier Servos nebeneinander Platz.

Abb. 289: Steuerscheiben, Ruderarme, Steuerkreuze und -sterne in verschiedenen Größen.

Oft ist bis zum Schluss nicht klar, wo die Empfängerantenne verlegt werden soll. Eigentlich ist das kein großes Problem, außer bei besonders kleinen Modellen oder bei exotischen Konstruktionen. Bei Modellen mit Druckantrieb muss besonders darauf geachtet werden, die Antenne so anzuordnen, dass sie nicht in den Propellerkreis gerät. Trinkhalme oder Bowdenzughüllen ergeben z. B. prima Leerrohre zur Führung der Antenne im Flügel, und da ist sie gut aufgehoben.

Anzahl der Servos

Beim 4-Kanal-Modell werden die Servos für Seitenruder, Höhenruder und Motordrossel meist im Rumpf angeordnet, das oder die Querruderservos in der Tragfläche. Wird ein Querruderservo in der Flächenmitte eingebaut, ist darauf zu achten, dass es bei montierter Tragfläche keine anderen Komponenten im Rumpf behindert. Bei Flächenservos, die unmittelbar vor den Querrudern sitzen, gibt es dieses Problem nicht und die Anlenkung erfolgt über ein sehr kurzes und spielfreies Gestänge.

Servoarme gibt es in verschiedenen Größen und Ausführungen. Sie sollten passend zur Größe des Modells und der benötigten Stellkraft entsprechend gewählt werden. Die Arme müssen lang genug sein und Bohrungen in verschiedenen Abständen besitzen, damit der Servoweg eingestellt werden kann. Wenn der Platz knapp ist, hilft es oft, den Servoarm auf einer Seite zu kürzen.

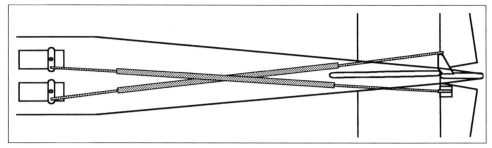

Abb. 290: Die Schubstangen zur Anlenkung von Höhen- und Seitenruder verlaufen wegen des Austrittswinkels der Gestänge über Kreuz.

Anlenkungen

Die Anlenkungen der Ruder oder anderer Organe müssen leicht, leichtgängig und spielfrei sein und die beweglichen Teile dürfen nicht von anderen Bauteilen berührt oder gar behindert werden.

Schubstangen

Anlenkungen müssen möglichst spielfrei sein und dürfen sich nicht durchbiegen. Deshalb werden je nach Größe des Modells Schubstangen aus Hartbalsa mit Querschnitten zwischen 6 mm und 12 mm und geeigneten Endstücken aus Stahldraht verwendet. Immer häufiger werden auch Schubstangen aus GFK oder Kohlefaser eingesetzt, da sie sowohl leicht als auch sehr stabil sind.

Winkelhebel

Winkelhebel werden z. B. verwendet, wenn Querruder von einem einzelnen Servo in der Tragflächenmitte angelenkt werden und die Richtung der Anlenkung geändert werden

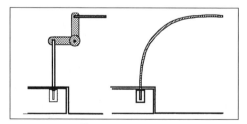

Abb. 291: Die Änderung der Anlenkungsrichtung um 90° kann mit Winkelhebeln oder Bowdenzügen gelöst werden.

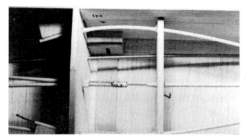

Abb. 292: Bowdenzüge müssen an mehreren Stellen befestigt werden, damit die Anlenkung möglichst wenig Spiel hat.

muss. Auch eine Differenzierung der Querruderausschläge ist mit Winkelhebeln möglich. Die Arme der Winkelhebel schließen normalerweise Winkel von 120°, 90° oder 60° ein. Die Montage ist einfach: Es genügt eine kleine Sperrholzplatte, die zwischen den Tragflächenrippen verklebt wird.

Bowdenzüge

Bowdenzüge sind eine sehr unkomplizierte und deshalb beliebte Art der Anlenkung. Wie bei Gestängen muss auch hier darauf geachtet werden, dass die Anlenkung möglichst wenig Spiel hat. Der Bowdenzug muss deshalb gut befestigt und so abgestützt werden, dass er sich unter Belastung nicht durchbiegen kann.

Steuerseile

Die Anlenkung von Rudern über Steuerseile aus Fesselfluglitze ist eine sehr leichte und vor allem spielfreie Art der Anlenkung. Die

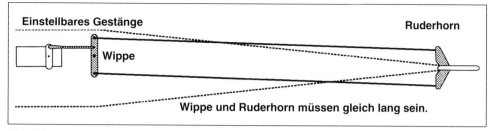

Abb. 293: Anlenkungen mit Steuerseilen sind praktisch spielfrei und beugen Ruderflattern vor.

Abb. 294: Drei Steuerfunktionen werden hier mit Steuerseilen betätigt.

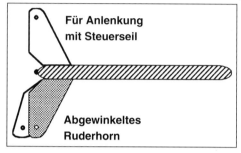

Abb. 296: Ruderhörner gibt es in verschiedenen Ausführungen.

Steuerseile sollten direkt nur an einem kugelgelagerten Servo angeschlossen werden.

Eine Alternative, die das Servo weniger belastet, ist die Anlenkung über eine Wippe, die auch die exakte Einstellung der Trimmung erleichtert. Im Handel erhältliche Systeme besitzen sogar eingebaute Spannvorrichtungen. Ein Beispiel zeigt Abb. 294.

Die Steuerseile müssen direktem zu den Rudern laufen, ohne dabei Teile des Rumpfes – vor allem beim Austritt aus dem Rumpf – zu berühren. Allein die Gewichtsersparnis ist ein gutes Argument für die Verwendung dieser Art der Ruderanlenkung.

Ruderhörner

Beim Thema Ruderhörner sind im Wesentlichen drei Dinge zu beachten: die Länge der Hörner, ihre Anordnung und ggf. ihr Abstand von der Scharnierlinie.

Abb. 295: Anlenkung von Höhen- und Seitenruder mit Steuerseilen.

Abb. 297: Neun verschiedene Ruderhörner. Das Ruderhorn rechts unten ist für die Anlenkung mit Steuerseilen gedacht.

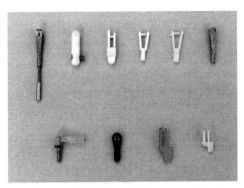

Abb. 298: Gestängeanschlüsse aus Kunststoff und Metall. In der unteren Reihe sind Anschlüsse mit Kugelgelenk und Sicherungsclips abgebildet.

Eine Auswahl von im Handel erhältlichen Ruderhörnern zeigt Abb. 297. Es gibt sie in zahlreichen Größen mit unterschiedlichen Befestigungsmöglichkeiten und es gibt mehr oder weniger abgewinkelte Ausführungen. Wer will, kann seine eigenen Ruderhörner aus Sperrholz oder aus GFK anfertigen.

Anschlüsse

Gestänge und Bowdenzüge werden über einstellbare Anschlüsse mit den Rudern verbunden. Auch eine programmierbare Fernsteuerung ersetzt die geometrisch korrekte Einstellung des Gestänges in Neutralstellung nicht und sollte dazu auch nicht missbraucht werden. Am anderen Ende des Gestänges genügt ein gekröpfter Stahldraht.

Pendelhöhenleitwerke

Bei Pendelleitwerken ist eine spielfreie Anlenkung besonders wichtig. Zur Anlenkung werden spezielle Winkelhebel verwendet, wie in Abb. 299 dargestellt. Die beiden Leitwerkshälften werden mit zwei Stahldrähten verbunden, die in entsprechenden Bohrungen des Winkelhebels gelagert sind.

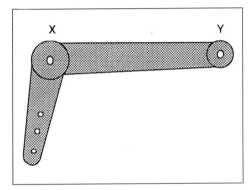

Abb. 299: Winkelhebel für ein Pendelleitwerk: Zwei Stahldrähte verbinden die Leitwerkshälften miteinander: X (Drehachse), Y (Übertragung des Ruderwegs).

11 Das Finish

Cockpits

Kabinenhauben

Kabinenhauben werden eher zu dekorativen Zwecken an Modellen angebracht und wenn es keine passende Haube zu kaufen gibt, muss man sie eben selber anfertigen. Geeignetes Kunststoffmaterial wird hierzu erwärmt und von Hand oder mit Hilfe von Unterdruck über einen Stempel gezogen. Blister-Packungen und ähnliche Verpackungen, wie die in Abb. 300 gezeigte Osterei-Verpackung, können ebenfalls als Kabinenhauben verwendet werden.

Im Fachhandel gibt es Hauben in vielen Größen, Formen und Farben. Hauben lassen ein Modell viel echter wirken, wiegen nicht viel und verursachen nur wenig zusätzlichen Widerstand.

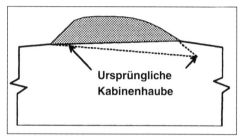

Abb. 301: Im Fachhandel erhältliche Kabinenhauben können für verschiedene Modelle angepasst werden.

Offene Cockpits

Große Öffnungen im Rumpf sind Schwachstellen in der ansonsten geschlossen Konstruktion, das gilt auch für offene Cockpits. Dennoch sind sie ein Gewinn für jedes Modell. Entsprechende Verstärkungen im Cockpitbereich sind auf jeden Fall notwendig.

Abb. 300: Diese Kabinenhaube war eine Verpackung für ein Osterei.

Abb. 302: Pilot und Begleiterin verleihen Al's Autogyro den letzten Pfiff.

Abb. 303: Eine einfache Pilotenbüste mit Schleudersitz verbessert das Aussehen jedes Modells.

Piloten

Viele Modellbauer sind der Ansicht, dass ein Modell nicht vollständig ist, wenn kein Pilot im Cockpit sitzt. Wenn auch Sie dieser Meinung sind, denken Sie bitte daran, dass ein Pilot nicht nur den Charme eines Modells erhöht, sondern auch dessen Gewicht.

Zum Glück wiegen Piloten aus Balsa oder Silikon kaum etwas. Da fast nie der komplette Pilot sichtbar ist, genügt oft eine Pilotenbüste, wie in Abb. 303 dargestellt. Schon mit einem einfachen aus Balsa geschnitzten und bemalten Piloten können Sie ein gutes Ergebnis erzielen.

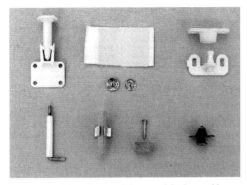

Abb. 305: Eine Auswahl verschiedener Verriegelungssysteme.

Luken und Klappen

Bei den meisten Modellen kann man die RC-Anlage erreichen, wenn man die Tragfläche abbaut. Ist das nicht möglich, z. B. weil die RC-Anlage an einer anderen Stelle sitzt als die Tragfläche, sind andere Zugangsöffnungen im Rumpf nötig.

Auch Tankraum und Motor besitzen ggf. eigene Zugangsöffnungen. Luken und Klappen sollten möglichst leicht, einfach zu öffnen und sicher zu verschließen sein. Geeignete Verriegelungen gibt es im Fachhandel.

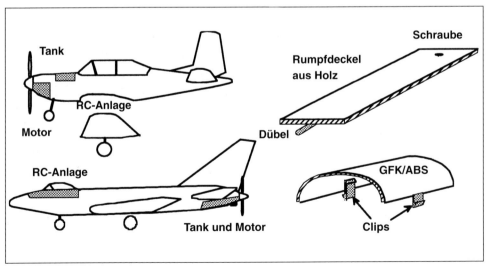

Abb. 304: Typische Luken und Klappen am Modell. Die Befestigung kann mit Dübeln, Schrauben, Clips, Klettband oder mit Verriegelungssystemen aus dem Modellbauzubehör erfolgen.

Abb. 306: Raketen als Außenlasten am Modell.

Außenlasten

Je nach Modelltyp können Außenlasten das realistische Aussehen eines Modells noch verbessern. Das können Zusatztanks, Bomben oder Raketen sein, die an Trägern unter den Tragflächen oder am Rumpf aufgehängt werden. Holz- oder Kunststoffteile aus der Restekiste können hierzu gut verwertet werden. Abb. 306 zeigt zwei Luft-Luft-Raketen aus Balsa und Karton. Sie wiegen fast nichts und sind schnell gebaut.

Die Bespannung

Die Bespannung eines Modells erfüllt verschiedene Aufgaben. Sie kann dazu dienen, offene Strukturen zu verschließen, sie kann zur Festigkeit eines Modell beitragen und die Oberfläche widerstandsfähiger machen. Die Bespannung kann auch Teil der farblichen Gestaltung des Modells sein und es kraftstofffest versiegeln. Bereits bei der Planung eines Modell sollte man sich für eines der möglichen Systeme entscheiden.

- Muss die Bespannung zur Festigkeit des Modells beitragen?
- Dürfen beim Bespannen Dämpfe entstehen?
- Dient die Bespannung zur farblichen Gestaltung des Modells?
- Muss die Bespannung kraftstofffest sein? Wenn ja, gegen welchen Kraftstoff?
- Welchen Beitrag zur Härte der Oberfläche muss die Bespannung leisten?
- Muss das Material reißfest sein?
- Welches Gewicht darf die Bespannung haben?

In Tabelle 32 werden die Eigenschaften üblicher Bespannmaterialien miteinander verglichen.

Papier

Papier scheint als Bespannmaterial moderner RC-Modelle ausgedient zu haben. Dennoch wird es recht häufig zum Bespannen von beplankten Oberflächen verwendet und leistet einen guten Beitrag zur Festigkeit von Bauteilen. So werden Rümpfe häufig mit Papier bezogen und ggf. passend zum Folienfinish

	Papier	Nylon	Folie	Gewebefolie	GFK
Struktur. Festigkeit	Gering	Hoch	Mittel	Hoch	Sehr hoch
Dämpfe	Hoch	Hoch	Keine	Keine	Mittel/Hoch
Farbauswahl	Mäßig	Mäßig	Groß	Groß	Gut
Kraftstofffest.	Nein	Nein	Ausgez.	Gut	Ausgez.
Festigkeit	Gering	Hoch	Mittel	Hoch	Sehr hoch
Reißfestigkeit	Gering	Hoch	Mittel	Hoch	Sehr hoch
Gewicht	Gering	Mittel	Mittel	Mittel	Hoch

Tabelle 32: Die wichtigsten Eigenschaften von Materialien zum Bespannen und Beschichten von Modellen.

Abb. 307: Bespannfertiger Rohbau. Die Wahl des Bespannmaterials hängt vom Modelltyp und den Einsatzbedingungen ab.

Nylon

Nylon ist sehr viel fester als die meisten anderen Bespannmaterialien. Allerdings schrumpft Nylon beim Bespannen und ist deshalb nur für ausreichend stabile Konstruktionen empfehlenswert. Zum Spannen und Verschließen des Materials wird Spannlack, als Schlusslackierung Klar- oder Farblack verwendet, wodurch sich das Gewicht der Bespannung etwas erhöht. In Punkto Haltbarkeit wird Nylon nur von GFK übertroffen.

der Tragflächen lackiert. Besonders für kleine Modelle ist es als Bespannmaterial für das gesamte Modell geeignet. Ein Nachteil ist, dass Papier über unbeplankten Konstruktionen leicht reißt.

Bügelfolie und Gewebefolie

Bügelfolie oder -gewebe, meist mit Klebebeschichtung, ist die bei weitem populärste Art der Bespannung. Das Gewicht und die Festigkeit der Materialien ist sehr unterschiedlich.

Markenname	Materialtyp	Selbstkleb.	Gewicht g/m²	Gewicht oz/yd²
Modelspan	Leichtes Bespannpapier	Nein	12	0,5
Modelspan	Mittleres Bespannpapier	Nein	17	0,65
Modelspan	Schweres Bespannpapier	Nein	21	0,75
Japanseide	Seide	Nein	15	0,5
Nylon	Nylon	Nein	30	1
Airspan	Polyestergewebe (Spannlack erf.)	Nein	24	1
Litespan	Festes Sythetikmaterial	Nein	30	1
Fibafilm	Superleichte gewebeverst. Polyesterfolie	Nein	42	1,5
Solarfilm	Bügelfolie mit Hochglanzoberfläche	Ja	55 - 70	2 - 2,75
Solarspan	Mehrlagige Bügelfolie, höhere Festigkeit	Ja	65 - 75	2,5 - 3
Solartex	Bügelgewebe	Ja	85 - 95	3,5
Glosstex	Bügelgewebe mit kraftstofffester Hochglanzoberfläche	Ja	120 - 130	4,75 - 5
Solarkote	Bügelfolie aus Polyester	Ja	70 - 80	2,75 - 3

Tabelle 33: Gewichtsangaben für verschiedene Bespannmaterialien (ohne Lack, Farbe etc.)

Abb. 308: Meine Fun-Scale Tigershark ist mit rotem und weißem Solarfilm bespannt und hat dünne schwarze Zierlinien.

Tabelle 33 vergleicht Produkte von Solarfilm mit traditionelleren Bespannmaterialien.

Bitte beachten Sie, dass in manchen Fällen ein Gewichtsbereich angegeben ist. Hier gilt, dass Folien mit hellen Farben wie Gelb oder Weiß schwerer sind als Folien mit dunklen Farben; Folien mit transparenten Farben sind am leichtesten.

Bei Bügelfolien ohne Klebefilm muss auf die zu bespannenden Teile zuerst ein Heißsiegelkleber aufgetragen werden. Der Kleber besteht zwar zu ca. 50% aus Wasser, das beim Bespannen verdunstet, wiegt aber dennoch ca. 40 g/m².

GFK-Beschichtung

Die Beschichtung mit GFK ist eine gute Basis für eine perfekte Modelloberfläche. Im Handel gibt es verschiedene System, die sich für diese Arbeit eignen und die, wenn sie sparsam verarbeitet werden, auch das Gewicht eines Modells nicht allzu sehr erhöhen. Eine GFK-Beschichtung ergibt eine widerstandsfähige und – bei entsprechender Bearbeitung – spiegelglatte Oberfläche.

Die Lackierung

Die Farbpigmente sind entscheidend für das Gewicht einer Farbe. Auch wenn sich das Lösungsmittel verflüchtigt hat, ist das Gewicht einer Lackierung noch relativ hoch, eine Tatsache, die bei der Wahl der Bespannung sicher eine Rolle spielt. Ebenfalls eine wichtige Rolle spielt die Fluglageerkennung, vor allem bei ungewöhnlichen Modellkonfigurationen. Kräftige Farben wie Rot, Orange und Gelb heben sich gut gegen den Himmel ab, Tagesleuchtfarben sogar noch besser.

Verzierungen

Das Anbringen von Verzierungen am Modell will wohl überlegt sein und mit etwas Glück wird das Modell dadurch nicht nur schwerer, sondern auch attraktiver. Aufkleber oder Kennbuchstaben sind in zahlreichen Ausführungen erhältlich und werden sogar nach Wunsch angefertigt. Dünne, selbstklebende Zierstreifen gibt es als Modellbauzubehör. Sie unterstreichen die Linien des Modells und ergeben eine gute optische Trennung unterschiedlich lackierter Bereiche.

Kraftstofffestigkeit

Modelle mit Verbrennungsmotoren müssen mit kraftstofffestem Material bespannt oder lackiert sein. Das zusätzliche Gewicht von ein oder zwei Schichten Klarlack muss bei der Schätzung des endgültigen Modellgewichts berücksichtigt werden. Auch Motor- und Tankraum sollten kraftstofffest versiegelt werden, damit auslaufender Kraftstoff keinen Schaden anrichtet. Bei Modellen mit Elektromotoren kann man sich eine zusätzliche Lackierung sparen, es sei denn, man legt Wert auf eine strapazierfähige Oberfläche.

12 Einen Bauplan zeichnen

Handarbeit
Der erste Schritt zum eigenen Modell ist eine Skizze des Entwurfs. Ist das geschafft, kommen Sie eigentlich nicht um eine Zeichnung im Maßstab 1:1 herum, wenn Sie ein akkurates Modell bauen wollen. Geeignetes Zeichenpapier gibt es in verschiedenen Größen, die beste Wahl ist Transparentpapier, weil es besonders fest ist und viele Korrekturen verträgt.

Kopien
Kopien von Ihrem Entwurf können Sie in Kopierzentren mit entsprechend großen Kopiergeräten anfertigen lassen. Größen bis DIN A0 sind meist kein Problem.

Zeichengeräte
Wenn Sie einen Plan zeichnen wollen, benötigen Sie ein gutes Lineal, am besten 100 cm lang sowie verschiedene Winkel und Geodreiecke. Ein Satz Kurvenlineale oder ein biegsames Lineal sind ebenfalls eine große Hilfe. Und schließlich brauchen Sie ein paar Bleistifte unterschiedlicher Härte, von HB bis 2H, und einen guten Radiergummi.

Zeichenbretter
Ihr Zeichenbrett kann der Küchentisch sein, wenn es keine andere Möglichkeit gibt. Besser ist natürlich ein richtiges Zeichenbrett, die gebraucht recht günstig zu haben sind, seit Konstruktionsbüros fast ausnahmslos auf Computer umgestellt haben.

„Meine CAD-Konstruktion kann ich sogar auf dem PC fliegen!"

CAD (Computergestützte Konstruktion)

Wenn Sie einen Computer besitzen, steht Ihnen die Welt des CAD offen. CAD und Zeichenbrett verhalten sich zueinander wie ein Textverarbeitungsprogramm zu Papier und Bleistift. Korrekturen, das Kopieren mehrfach benötigter Elemente, wie z. B. Tragflächenrippen, oder ganzer Baugruppen, z. B. einer Tragflächenhälfte, ist sehr einfach und spart viel Zeit. Auch das Arrangieren der einzelnen Bauteile auf dem Zeichenblatt ist mit CAD erheblich einfacher.

Zwei Nachteile gibt es allerdings. Wenn man die ganze Zeichnung auf dem Bildschirm betrachten will, muss man sie verkleinern, so dass manche Details ggf. nicht mehr sichtbar sind. Man muss sich also daran gewöhnen, dass man meist mit Bildausschnitten arbeitet. Auch das Ausdrucken einer Zeichnung in Originalgröße kann ein Problem sein. Viele Kopierzentren bieten aber mittlerweile auch diesen Service und können Ihre Zeichnung von CD oder Diskette drucken.

Leistungsfähige CAD-Programme machen nur auf leistungsfähigen Computern Spaß, beachten Sie also die Systemvoraussetzungen der Programme. Die Hersteller von CAD-Software bieten ihre Programme meist in unterschiedlichen Ausbaustufen an. Für den Einstieg tut es oft die Standardversion eines Programms, die alle wesentlichen Zeichenfunktionen enthält und wesentlich preisgünstiger ist als eine Professional-Version. Das ist eine gute Möglichkeit, sich mit einem Programm vertraut zu machen.

Außer AutoCad, das für die private Nutzung wegen des hohen Preises eigentlich nicht in Frage kommt, gibt es eine Reihe anderer Programme, die für die Modellkonstruktion geeignet sind: AutoSketch, EasyCad, DesignCad, ModelCad und TurboCad sind nur einige. Daneben gibt es auch eine Reihe von Programmen, die speziell auf die Anforderungen von Modellbauern zugeschnitten sind. Entsprechende Anzeigen finden Sie in Fachzeitschriften.

Der Entwurf

Alle Bauteile eines Modellentwurfs müssen in zwei Ansichten gezeichnet sein, manchmal kann eine Ansicht von drei Seiten nötig sein. Meist beginnt man mit der Auswahl des Tragflächenprofils, bevor man den Tragflächenumriss oder den Rumpf zeichnet. Der Rumpf wird mit Hilfe einer Bezugslinie gezeichnet. Die Bezugslinie kann durch die Propellerachse laufen, sie kann aber auch an Rumpfober- oder Unterseite verlaufen, wenn diese über weite Strecken eine horizontale Linie bilden.

Beim Flügel werden zunächst Nasen- und Endleiste gezeichnet, um den Flächenumriss festzulegen. Dann folgen Rippen und Hauptholm und erst dann weitere Details wie Randbogen, Querruder, Anlenkungen etc.

Materialien kennzeichnen

Es gibt Konventionen für die Kennzeichnung unterschiedlicher Materialien in Bauplänen. An diese Konventionen sollten Sie sich halten, wenn Sie möchten, das auch andere Modellbauer nach Ihren Plänen bauen oder wenn Sie Ihren Bauplan veröffentlichen wollen. Hinweise zur Kennzeichnung von Materialien finden Sie in Abb. 312 und Abb. 313 zeigt, wie das in einem fertigen Bauplan aussieht.

Abb. 309: Das Zeichnen eines Bauplans auf dem Computer bietet viele Vorteile, wenn man es einmal erlernt hat.

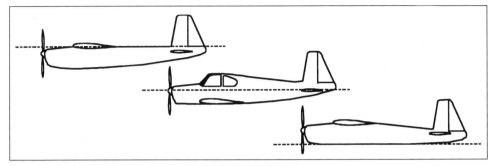

Abb. 310: Drei Rümpfe mit unterschiedlichen Bezugslinien.

Wenn Bauteile durch eine Beplankung verdeckt werden oder in mehreren Ebenen angeordnet sind, ist es sinnvoll, mit Hilfe von geschwungenen Linien einen Blick in das Innere anzudeuten. So erhält man eine bessere Vorstellung von dem, was sich unter der Oberfläche abspielt.

Profile zeichnen

Grundsätzlich gibt es drei Möglichkeiten, Profile in der für den Bauplan benötigten Größe zu erhalten. Es gibt spezielle Profilprogramme für den Computer, sie können aber auch auf Basis eines vorhandenen Profilumrisses auf dem Kopierer entsprechend vergrößert oder verkleinert oder mit Hilfe von Profilkoordinaten gezeichnet werden. Profilprogramme enthalten Profilbibliotheken, aus denen das gewünschte Profil ausgewählt und in unterschiedlichen Größen ausgedruckt werden kann.

Das Vergrößern oder Verkleinern von Profilen auf dem Kopierer ist die einfachste Möglichkeit, wenn man weiß, wie groß die einzelnen Rippen sein müssen. Am besten fertigt man Kopien von Wurzel- und Endrippe an und stellt dann die benötigte Anzahl von Rippen im Blockverfahren her.

Das Zeichnen der Rippen anhand von Koordinaten ist zeitraubend. Hierfür benötigt man Lineal, Geodreieck und Kurvenlineale. Die Koordinatenpunkte des Profilumrisses sind in Prozent der Profiltiefe angegeben und man findet sie in einschlägigen Publikationen. Ein Taschenrechner leistet beim Umrechnen der Prozentwerte gute Dienste.

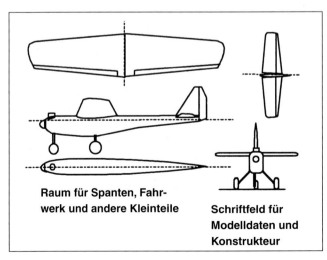

Raum für Spanten, Fahrwerk und andere Kleinteile

Schriftfeld für Modelldaten und Konstrukteur

Abb. 311: Anordnung der Baugruppen auf dem Plan.

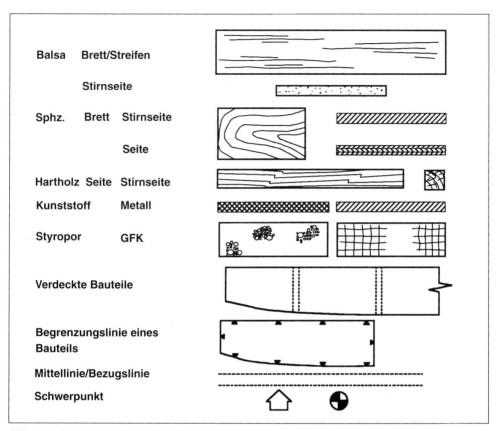

Abb. 312: Korrekte Darstellung der unterschiedlichen Materialien im Bauplan.

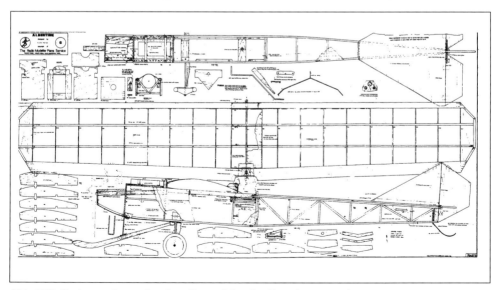

Abb. 313: So kann ein professionell gezeichneter Bauplan aussehen.

Einen Bauplan veröffentlichen

Wer einen Bauplan veröffentlichen will, braucht dazu ein selbst konstruiertes und gut fliegendes Modell sowie viele gute Bilder vom Bau und vom fertigen Modell. Der Bauplan muss sauber gezeichnet und ausreichend detailliert auf Papier im DIN-Format vorliegen. Eine ausführliche Beschreibung vom Bau des Modells, Flugerfahrungen, technische Daten und ggf. Tipps für diejenigen, die das Modell nachbauen wollen, gehören natürlich dazu.

Einige typische Fehler, die man beim Fotografieren seines Modells machen kann, zeigen die Abbildungen 317 und 318. Eine Spiegelreflexkamera oder eine Digitalkamera mit einer Auflösung ab drei Mega-Pixel sind das richtige Werkzeug. Wenn die Unterlagen komplett sind, wagen Sie einen Versuch und schicken Sie das Material an die Redaktion Ihrer Modellbauzeitschrift.

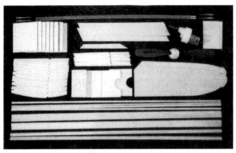

Abb. 314: Alle Einzelteile des Modells werden vor Baubeginn angefertigt.

Abb. 316: Mein bespannfertiger Flintstone Flier.

Abb. 315: Es ist ein schönes Gefühl, wenn andere Modellbauer nach Ihren Plänen bauen und Ihnen dann sogar ein Bild ihres Modells zusenden.

Abb. 317: Vier klassische Fehler bei Flugaufnahmen. Im Uhrzeigersinn: Unterbelichtet wegen zu hellen Hintergrunds; zu weit weg; Teil des Modells außerhalb des Bilds; unscharf wegen zu hoher Geschwindigkeit.

Abb. 318: Weitere typische Fehler beim Fotografieren von Modellen. Im Uhrzeigersinn: Wasserfass und Gartentürchen im Hintergrund; unterbelichtet, keine Einzelheiten zu erkennen; Was soll das sein? Nur der Fotograf weiß, dass es ein Querruder ist; der Schnappschuss zeigt die Menschen und einen unruhigen Hintergrund, aber nicht die Modelle.

13 Der erste Flug

Vor dem Erstflug

Vor dem Erstflug eines neuen Modells, vor allen Dingen wenn es ein selbst konstruiertes Modell ist, muss das gesamte Modell sorgfältig überprüft werden. Sie können sich sogar den Spaß machen, und die Daten Ihres Modells in einen Flugsimulator eingeben, um die theoretische Leistung des Modells zu überprüfen. Manche Flugsimulatoren bieten diese Möglichkeit.

Schwerpunktlage

Ganz oben auf der Liste steht die Überprüfung der Schwerpunktlage. Wie Sie die Lage des Schwerpunkts ermitteln, wurde in Kapitel 3 erläutert. Liegt er zu weit hinten, reagiert das Modell viel zu empfindlich auf die Steuerbefehle und wird unkontrollierbar. Liegt der Schwerpunkt zu weit vorn, kann es passieren, dass das Modell gar nicht erst abhebt oder dass es nach einem Wurfstart trotz voll gezo-

„Der Schwerpunkt... Aaaaargh!"

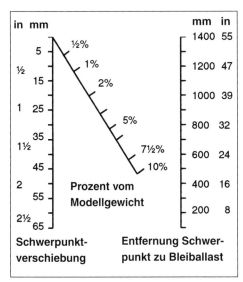

Ein zu weit vorne liegender Schwerpunkt ist unangenehm; liegt der Schwerpunkt zu weit hinten, kann es für das Modell böse ausgehen. Die Zugabe von Ballast zur Einstellung des Schwerpunktes erhöht zwar die Flächenbelastung, aber ohne Ballast stehen die Chancen auf einen erfolgreichen Erstflug schlecht. Abb. 319 zeigt, wie viel Ballast in Prozent vom Gesamtgewicht des Modells hinzugefügt werden muss, um den Schwerpunkt um eine gewisse Strecke zu verschieben. Viele Modellflieger vergessen, das Modell auch um die Längsachse auszuwiegen. Ein kleines Stückchen Blei im Randbogen kann bei Bedarf schon ausreichen. Für saubere Flugfiguren ist das unerlässlich.

Abb. 319: Wie viel Blei in Prozent des Modellgewichts zum Einstellen des Schwerpunkts nötig ist, hängt davon ab, wie weit der Schwerpunkt verschoben werden muss und in welcher Entfernung vom Schwerpunkt das Blei angebracht wird.

Das Modell vermessen

Es kann leicht passieren, dass Tragfläche und Leitwerke nicht parallel oder im rechten Winkel zueinander montiert sind. Vor dem Start muss die Ausrichtung der einzelnen Komponenten zueinander in allen drei Ebenen sorgfältig überprüft werden. Es muss sichergestellt sein, dass die Einstellwinkel von Tragfläche und Höhenleitwerk korrekt sind, ebenso die Winkel von Tragfläche und Höhenleitwerk im Verhältnis zu einem ebenen Untergrund.

genem Höhenruder unaufhaltsam dem Boden entgegen sinkt. Im besten Fall muss ständig Höhenruder gezogen werden, um das Modell in der Luft zu halten.

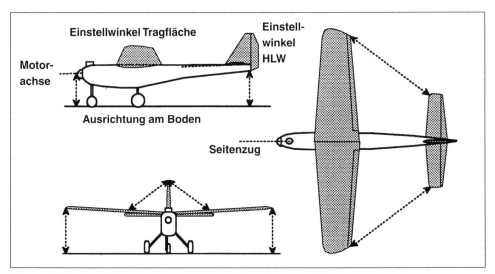

Abb. 230: Wichtig: Ein neues Modell vor dem Erstflug sorgfältig vermessen.

Schließlich werden Motorsturz und Seitenzug sowie die Neutralstellung aller Ruder überprüft.

Gewichtskontrolle

Das fertige und vollständig ausgerüstete Modell sollte vor dem Start auf jeden Fall auf die Waage. Für kleine Modell reicht eine Küchenwaage bis 2.500 g aus, große Modelle müssen auf die Waage im Badezimmer. Beim Wiegen des Modells stellen Sie fest,

- ob das Modell der ursprünglichen Gewichtsschätzung entspricht
- wie hoch die Flächenbelastung des Modells ist

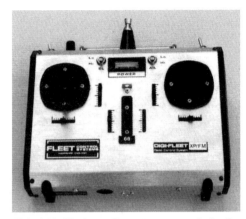

Abb. 321: Moderne Fernsteuerung sind mit Zusatzfunktionen, wie Dual-Rate (Wegumschaltung), ausgestattet, die beim Erstflug von großem Nutzen sein können.

Ruderausschläge

Bei allen Rudern muss überprüft werden, ob sie in die richtige Richtung ausschlagen. Besonders die Querruder werden gerne falsch angeschlossen. Schwieriger ist es mit der Größe des Ruderausschlags. Langsame Modelle benötigen größere Ausschläge als schnelle Modelle, große Steuerflächen müssen nicht so stark ausschlagen wie kleine und die kleinsten Ausschläge sind bei Pendelrudern erforderlich. Denken Sie auch an die Wirkung des Propellerstrahls, der die Steuerflächen bestreicht, und daran, dass sich das Ansprechverhalten der Ruder verändert, wenn der Motor ausfallen sollte.

Um die anfänglichen Ruderausschläge des Modells festzulegen, betrachten Sie am besten die Ausschläge ähnlicher Modelle in Ihrem Verein oder in den Beilagebauplänen der Fachzeitschriften. Die folgenden Angaben sind als ungefähre Ausgangswerte zu verstehen, wenn andere Angaben fehlen:

- Höhenruder: 10° nach oben und unten. Lieber etwas mehr als zu wenig, für den Fall, dass im Flug nachgetrimmt werden muss.
- Eingesetze Querruder: 20° nach oben, 10° nach unten; Streifenquerruder: 10° nach oben und unten
- Seitenruder: 20° nach links und rechts, wenn hauptsächlich das Seitenruder zur Richtungssteuerung dient. Bei zweimotorigen Maschinen sollte es etwas mehr sein.

Wegumschaltung

Das Problem, die richtigen Ruderausschläge zu wählen, kann man mit Hilfe der Wegumschaltung umgehen, die bei vielen Sendern heute zum Standard gehört. So kann man zunächst große Ruderausschläge vorsehen und dann nach dem Start bei Bedarf auf kleinere Ausschläge umschalten. Das beruhigt die Nerven und kann verhindern, dass der Erstflug mit einer Katastrophe endet.

Die Wahl des Propellers

Um den Propeller zu finden, der zu Ihrem neuen Modell passt, sollten Sie zunächst die Höchstgeschwindigkeit des Modells schätzen. Und das ist gar nicht so schwer. Anhaltspunkte finden Sie in Abb. 322. Es dürfte Ihnen leicht fallen, das neue Modell in eine der Kategorien einzuordnen.

Steht die Höchstgeschwindigkeit fest, wählen Sie anhand von Abb. 323 einen Pro-

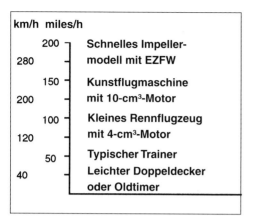

Abb. 322: Anhaltspunkte zur Schätzung der Fluggeschwindigkeit eines neuen Modells.

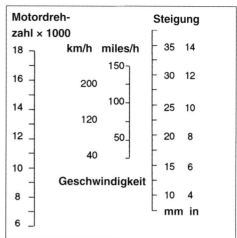

Abb. 323: Die Propellersteigung kann gewählt werden, wenn die Höchstgeschwindigkeit des Modells geschätzt wurde, und die maximale Motordrehzahl bekannt ist.

peller, dessen Steigung zu der gewünschten Höchstgeschwindigkeit passt. Und schließlich wird der Propellerdurchmesser entsprechend der optimalen Motordrehzahl ausgewählt. Drehzahlangaben finden Sie in der Bedienungsanleitung des Motors oder in Testberichten, die regelmäßig in den Fachzeitschriften erscheinen.

Die Höchstdrehzahl des Motors am Boden sollte so eingestellt werden, dass sie ca. 500 $^{min-1}$ unter der angegebenen Höchstdrehzahl des Motors liegt, da die Motordrehzahl im Flug noch etwas zunimmt.

Wenn Sie keinen Drehzahlmesser besitzen, besorgen Sie sich einen von einem Vereinskollegen, um Ihre Auswahl zu überprüfen. Eine gute Start- und Steigleistung geht auf Kosten der Höchstgeschwindigkeit. Ein Propeller mit geringer Steigung, dessen Durchmesser so gewählt wird, dass er mit optimaler Drehzahl läuft, hat bei niedrigen Geschwindigkeiten einen viel höheren Wirkungsgrad und beschleunigt das Modell viel schneller. Große Propeller mit geringer Steigung sind auch am besten für Modelle mit großen Sternmotorhauben geeignet. Und schließlich sollten Sie immer daran denken, dass ein großer Propeller mit geringerer Drehzahl einen höheren Wirkungsgrad hat als ein kleiner Propeller, der mit sehr hoher Drehzahl läuft.

Rollversuche

Einen ersten Eindruck vom Verhalten Ihres Modells bekommen Sie durch Rollversuche auf dem Flugfeld. Besonders bei Modellen mit Zweibeinfahrwerk stellen Sie schnell fest, ob das Modell gerne auf die Nase geht oder beim Rollen ausbricht. Beides kann durch Versetzen des Hauptfahrwerks behoben werden. Auch die Wirksamkeit von Seiten- und Höhenruder lernen Sie bei dieser Gelegenheit kennen.

Videoaufnahmen

Besitzen Sie oder einer Ihrer Bekannten eine Videokamera? Ein Video vom Erstflug ist nicht nur ein schönes Andenken, sondern hilft Ihnen auch dabei, Fehler zu erkennen und vor dem nächsten Flug entsprechende Änderungen am Modell vorzunehmen. Ein wenig Erfahrung braucht man allerdings, wenn man ein Modellflugzeug filmen will.

Der erste Hüpfer

Wenn Sie nicht ganz sicher sind, ob der Schwerpunkt nun an der richtigen Stelle liegt oder nicht, und das Modell besitzt ein Fahrwerk, dann genügt ein kleiner Hüpfer

Abb. 324: Beim Erstflug ist man stets nervös. Der Motor meiner Albertine ist fett eingestellt, damit er beim Start nicht zu mager läuft und abstellt.

Abb. 325: Die Albertine hat es geschafft. Vergessen Sie trotz aller Euphorie nicht, vor der Landung die nötigen Tests durchzuführen.

während der Rollversuche, um zu erkennen, welche Fluglage das Modell einnimmt, sobald es den sicheren Boden verlässt. Etwas Blei in Nase oder Heck kann zur Korrektur schon genügen.

Der Erstflug

Versuchen Sie, den Erstflug bei schönem Wetter und schwachem bis mäßigem Wind durchzuführen. Wenn möglich, sollte kein anderer Pilot zur gleichen Zeit mit einem Modell in der Luft sein, so können Sie sich voll auf Ihr Modell konzentrieren und Sie hören es rechtzeitig, wenn es Probleme mit dem Motor gibt.

Landeklappen bei Start und Landung

Wenn Sie zum ersten Mal Klappen beim Start des Modells einsetzen, sollten sie mit einem Winkel von höchstens 30° ausgefahren werden. Bei diesem Winkel ist das Verhältnis zwischen Auftrieb und Widerstand am vorteilhaftesten. Beim Landen dagegen ist der hohe Widerstand der voll ausgefahrenen Klappen nützlich, da der Landeanflug steiler ausgeführt werden kann, ohne dass sich die Geschwindigkeit des Modells zu sehr erhöht. Der zusätzliche Auftrieb ermöglicht eine geringe Landegeschwindigkeit und der hohe Widerstand bringt einen zusätzlichen Vorteil, da das Modell schnell an Geschwindigkeit verliert, wenn der Motor gedrosselt wird.

Einfahren der Klappen im Flug

Wenn die Klappen nach dem Start eingefahren werden, während sich das Modell im Steigflug befindet, verringert sich der Auftrieb des Flügels und das Modell kann etwas durchsacken, wenn es nicht mit dem Höhenruder aufgefangen wird. Bei der Korrektur nimmt das Modell die Nase deutlich nach oben, weil der Anstellwinkel der Tragfläche vergrößert wird.

Am besten werden die Klappen ganz langsam eingefahren, dann sind keine großen Korrekturen nötig. Beim Ausfahren der Klappen ist es genau umgekehrt, denn da kann es passieren, dass das Modell kurz zu steigen beginnt. Leider ist es nicht möglich, genau vorherzusagen, ob ein Modell beim Ein- und Ausfahren der Klappen die Fluglage ändert.

Ansprechverhalten

Vom Standpunkt des Piloten gesehen ist die Schwerpunktlage daran zu erkennen, welche Knüppelbewegungen erforderlich sind, um das Modell zu einer Abweichung von seiner eingetrimmten Fluglage zu bewegen. Liegt der Schwerpunkt etwas zu weit vorne, müssen die Höhenruderausschläge relativ großzügig sein. Liegt der Schwerpunkt etwas zu weit

Abb. 326: Die Albertine bei der Landung. Im Vordergrund eine Fokker DRI von Flair.

hinten, ist dagegen sehr viel Fingerspitzengefühl erforderlich und der horizontale geradlinige Kraftflug kann zum Problem werden. Der Schwerpunkt ist ungefähr an der richtigen Stelle, wenn die Fluglage des Modells mit dem Höhenruder problemlos geändert werden kann und wenn das Modell bei neutraler Höhenruderstellung die neue Fluglage beibehält.

Sollte während des Fluges ein Flattern der Steuerflächen auftreten, drosseln Sie sofort den Motor, bringen Sie das Modell in eine horizontale Fluglage und landen Sie möglichst schnell. Jede Verzögerung kann das Ende des Modells sein. In Kapitel 7 finden Sie einige Hinweise, wie Sie künftig das Auftreten von Flattern vermeiden können.

Abreißverhalten

Das Abreißverhalten eines neuen Modells sollte möglichst frühzeitig überprüft werden. Bringt man die Strömung nicht zum Abreißen, kann das ein Zeichen dafür sein, dass der Schwerpunkt zu weit vorne liegt oder dass der Höhenruderausschlag zu klein ist.

Ob der Strömungsabriss plötzlich und heftig erfolgt oder ob das Modell einfach träge wird und durchsackt, hängt vom Tragflächenprofil ab, von der Flächengeometrie und von der Stabilität des Modells um die Querachse. Wenn das Modell beim Strömungsabriss plötzlich über eine Fläche kippt, kann das an unterschiedlichen Tragflächenhälften liegen, an einer schlechten Ausrichtung des Modells bei der Montage oder an zu geringer Stabilität um die Längsachse. Das kann auch dazu führen, dass das Modell ins Trudeln gerät.

Steuerverhalten	Erwünschte Änderung	Maßnahme
Reagiert nervös auf die Ruder, kippt beim Strömungsabriss über eine Fläche, gerät schnell ins Trudeln	Ausgewogene Reaktion, Neigung zum Abkippen abstellen	Schwerpunkt etwas nach vorne verlagern
Reagiert träge auf das Höhenruder, Höhenruder ständig hoch getrimmt	Bessere Reaktion auf Höhenruder	Schwerpunkt etwas nach hinten verlagern
Richtet sich aus der Kurve schnell auf, wenn Ruder neutralisiert werden	Kurve fortsetzen, wenn Ruder neutralisiert werden, Aufrichten mit Gegenruder	SLW-Fläche vergrößern oder V-Form verringern
Bleibt in Kurvenlage, wenn Ruder neutralisiert werden	Selbständiges Aufrichten aus der Kurve ohne Gegenruder	SLW-Fläche verringern oder V-Form vergrößern
Fliegt nicht geradeaus, neigt zum Spiralsturz, wenn nicht gesteuert wird	Selbständiges Aufrichten aus der Kurve	SLW-Fläche verringern oder V-Form vergrößern

Tabelle 34: Stabilitätsänderungen am Modell aufgrund des Steuerverhaltens

Trudeln

Schließlich sollte das Modell auch im Trudeln getestet werden. Das Trudeln leitet man mit vollem Höhen- und Seitenruderausschlag ein, der Motor ist dabei gedrosselt.

Meist lässt sich das Trudeln beenden, indem die Steuerflächen wieder in Neutralstellung gebracht werden. Reicht das nicht aus, hilft Höhen- und Seitenruderausschlag in die entgegengesetzte Richtung. In diesem Fall ist auch eine Erhöhung der Motordrehzahl hilfreich, weil dann die Ruder besser angeströmt werden.

Die erste Landung

Jetzt wird es spannend. Gehen wir davon aus, dass Sie das Abreißverhalten bereits überprüft haben, dann wissen Sie jetzt, welche Unarten das Modell hat und haben eine Vorstellung von der Mindestfluggeschwindigkeit. Achten Sie darauf, dass Ihr Modell diese Geschwindigkeit beim Landeanflug nicht unterschreitet und planen Sie eine Landung in der Mitte der Landebahn. Halten Sie das Modell beim Anflug dicht über dem Boden und lassen Sie es dann sanft aufsetzen.

Bewertung der Flugleistung

Erst wenn das Modell sicher am Boden angekommen ist, werden Sie die nervliche Belastung spüren. Entspannen Sie sich, beglückwünschen Sie sich zu dem gelungenen Erstflug und gehen Sie dann in Gedanken die folgenden Punkte durch:

Start
    Tendenz zum Ausbrechen
    Startstrecke

Stabilität um
    Querachse
    Längsachse
    Hochachse

Steuerverhalten um
    Querachse
    Längsachse
    Hochachse

Wegumschaltung bei
    Höhenruder
    Querruder

Trimmung für
    Höhenruder
    Querruder
    Seitenruder

Änderungen am Modell (Steuerfläche und Ausschlag konstant)	Wirksamkeit des Seitenruders
Dämpfungsfläche verringern V-Form vergrößern	Bessere Wirksamkeit
V-Form verringern	Geringere Wirksamkeit. Steuerverhalten am Boden nicht betroffen.
Dämpfungsfläche vergrößern	Geringere Wirksamkeit

Tabelle 35: Änderung der Flugeigenschaften an Modellen ohne Querruder

Beim Drosseln
    Änderung um Querachse
    Änderung um Hochachse
Eigenschaften von
    Strömungsabriss
    Trudeln
Verhalten bei
    Start
    Landeanflug
    Landung

Änderungen

Nach der Flugbewertung und vor dem zweiten Flug sollten entsprechende Änderungen an Schwerpunktlage, Neutralstellung der Ruder und Ruderausschlägen vorgenommen werden. Bei manchen Flugzeugen sind eine Reihe von Starts nötig, um ihr Verhalten in allen Flugsituationen zu erproben und zu bewerten.

    Wichtig ist, dass zur Behebung eines Fehlers immer nur ein Parameter geändert wird. Sonst ist es schwierig festzustellen, welche Veränderung tatsächlich zu einer Verbesserung geführt hat.

Seitenzug und Sturz

Wenn bei Änderungen der Motordrehzahl Höhen- und/oder Seitenruder nachgetrimmt werden müssen, sollten Motorsturz und/oder Seitenzug geändert werden. Bei hängend oder stehen eingebauten Motoren geht das recht einfach durch Unterlegen von Beilagscheiben.

    Je nach Art des Motorträgers können Änderungen beim Seitenzug etwas aufwändiger sein, vor allem dann, wenn der Motorträger aus in den Rumpf integrierten Hartholzleisten besteht.

Flugstabilität

Wenn die Stabilität des Modells in einer der drei Ebenen nicht Ihren Erwartungen entspricht, können Sie Korrekturen mit Hilfe der Angaben in Tabelle 35 vornehmen. Eine Reduzierung der Seitenleitwerksfläche oder eine Vergrößerung der V-Form können bedeuten, dass weniger Seitenzug am Motor benötigt wird und umgekehrt.

    Die Angaben in Tabelle 36 beziehen sich auf die Querstabilität bei Modellen ohne Querruder, bei denen nur das Seitenruder zur Kurvensteuerung verwendet wird.

    Wenn Ihr Modell nun so fliegt, wie Sie sich das vorgestellt haben, können Sie mit gutem Gewissen die Konstruktion des nächsten Modells in Angriff nehmen. Viel Glück damit!

Literaturnachweis

Boddington, David: Building and Flying R/C Model Aircraft. Nexus Special Interests, Hemel Hempstead 1996.

Cain, Tubal: Model Engineer's Handbook. Nexus Special Interests, Hemel Hempstead 1996.

Chinery, David: Fly Electric. Nexus Special Interests, Hemel Hempstead 1995.

Greenwodd, D.P.: Plastics (Craftwork & Technology). John Murray, London 1980.

Miller, Peter: Designing Model Aircraft. Traplet Publications Ltd., Upton-upon-Severn 1995.

Lammas, David: Adhesives and Sealants. Nexus Special Interests, Hemel Hempstead 1991

Lennon A.G. Andy: R/C Model Airplane Design. Chart Hobby Distributors Ltd., Littlehampton 1986.

Peacock, Ian: Introduction to Electric Flight. Nexus Special Interests, Hemel Hempstead 1988.

Selig, Michael, Donovan & Frazer: Aerofoils at Low Speeds. Soartech, Virginia Beach, Va. USA 1989.

Simons, Martin; Model Aircraft Aerodynamics. Nexus Special Interests, Hemel Hempstead 1996.

Simons, Martin; Model Flight. Nexus Special Interests, Hemel Hempstead 1988.

Sutherland, Alasdair: Aeronautics for Modellers. Traplet Publications Ltd., Upton-upon-Severn 1995.

Technical Services Dept.: Strand Guide to Galssfibre. Scott Bader Co. Ltd., Wellingborough 1988.

Thomas, David: Radio Control Foam Modelling. Nexus Special Interests, Hemel Hempstead 1989.

Walsh, Douglas E.: Do It Yourself: Vacuum Forming for the Hobbyist. Vacuum Form, Lake Orion, Mi. USA 1990.

Warring, Ron H.: Glass Fibre Handbook. Nexus Special Interests, Hemel Hempstead 1989.

12 mal im Jahr alles zum Thema

- Elektroflug
- Segelflug
- Motorflug
- Jets
- Slow- & Parkflyer
- Helikopter
- Aktuelle Testberichte
- Technik
- kompetent und aktuell

Preis: Einzelheft 4,50 €

kompetent und aktuell

Fordern Sie noch heute ein kostenloses Probeheft bei VTH an!

Im Abonnement jährlich nur 51,60 € (innerhalb Deutschlands)

Der vth-Bestellservice
☎ 07221/508722
per Fax 07221/508733
E-Mail: service@vth.de
Internet: www.vth.de

7 Jahrgänge auf 7 CD-ROMs

FMT-Jahrgangs-CD 2004
Best.-Nr. 620 1048
Preis: € 9,90
für Abonnenten € 7,40

Ein Jahr FMT auf einen Klick:

Jeweils der komplette FMT-Jahrgang auf CD-Rom
- alle Artikel • alle Bilder • alle Zeichnungen
- ca. 70 Testberichte • Scale-Dokumentation
- Adobe Acrobat Reader

Selbstverständlich mit allen notwendigen Such- und Druckoptionen. Eine Fundgrube und eine unerschöpfliche Informationsquelle.

Systemanforderungen: PC ab Windows 9X bis XP

FMT-Jahrgangs-CD 2003
Best.-Nr. 620 1037
Preis: € 9,90
für Abonnenten € 7,40

FMT-Jahrgangs-CD 2002
Best.-Nr. 620 1026
Preis: € 9,90
für Abonnenten € 7,40

FMT-Jahrgangs-CD 2001
Best.-Nr. 620 1023
Preis: € 9,90
für Abonnenten € 7,40

FMT-Jahrgangs-CD 2000
Best.-Nr. 620 1009
Preis: € 9,90
für Abonnenten € 7,40

FMT-Jahrgangs-CD 1999
Best.-Nr. 620 1031
Preis: € 9,90
für Abonnenten € 7,40

FMT-Jahrgangs-CD 1998
Best.-Nr. 620 1030
Preis: € 9,90
für Abonnenten € 7,40

Bei Bestellung einfach Ihre Abo-Nummer von Ihrem Adressaufkleber angeben.

Der vth-Bestellservice
☎ 07221/508722
per Fax 07221/508733
E-Mail: service@vth.de
Internet: www.vth.de

vth Verlag für Technik und Handwerk GmbH • Baden-Baden

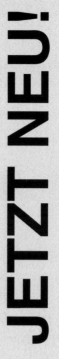

RC-Indoorfliegen
Vom Parkplatz in die Sporthalle

Inhalt:
- Vorstellung der Werkstoffe
- Bauen mit Depron: Bausatz Madflight von AFF-CNC
- Bauen mit Depron: Besonderheiten beim Bauplamodell (Lackierung, Fahrwerk, Anlenkung)
- Lustige Depronmodelle: es muss nicht immer 3D sein
- Bauen mit EPP, Verarbeitung
- Fuchsjagd in der Halle
- Technik: Lithium Ionen Polymer Zellen
- Technik: Brushless Motoren
- Technik: Servos und Empfänger
- Mini-Indoor Flieger – Pitts und Cessna im Mikroformat
- Büchertipps
- Shockflyer im Modellflug-Simulator
- Aeromusikal, Daniel Brüssow fliegt auf dem Indoormeeting in Bochum

Laufzeit:	50 Minuten
Bildformat:	4:3 – PAL
Sprache:	deutsch
Best.-Nr.:	620 1054
Preis:	19,90 €

Der vth-Bestellservice
☎ 07221/508722
per Fax 07221/508733
E-Mail: service@vth.de
Internet: www.vth.de

vth Verlag für Technik und Handwerk GmbH • Baden-Baden

FMT MODELLWERFT-Fachbuch

Ulrich Passern

Akkus & Ladegeräte für den Modellsport

inkl. CD-ROM

Ob Blei-, Nickel-Cadmium-, Nickel-Metallhydrid- oder die innovativen Lithium-Polymer-Akkus, richtig eingesetzt, geladen und gepflegt, bereiten diese Energieriegel dem Modellsportler über einen langen Zeitraum viel Spaß. Ulrich Passern, langjähriger FMT-Fachautor und Konstrukteur von Ladegeräten, liefert mit diesem Buch alle Grundlagen und zahlreiche Praxistipps zum richtigen Umgang mit Akkus und Ladegeräten: Welcher Akku eignet sich für welchen Einsatzzweck am besten? Was mögen unsere Akkus, was bringt sie an den Rand ihrer Leistungsfähigkeit? Welche Ladegeräte können empfohlen werden? Wie kann man seine Akkus zu erhöhter Leistung animieren, wie hält man sie lange frisch und leistungsfreudig? Wie erkennt man Akkukrankheiten und wann muss ein Akku seinen letzten Gang antreten? Was wird die Zukunft bringen?
Exemplarisch werden in diesem Buch 18 aktuelle Akkus und 8 Ladegeräte getestet und besprochen. Zu allen Akkus befinden sich auf beiliegender CD die jeweiligen Testdaten der 100 Lade-/Entladezyklen.
Viele Infos, viele spannende Fragen – in diesem Buch finden Sie die entsprechenden Antworten, für den erfolgreichen Einsatz von Akkus und Ladegeräten.

Umfang: 132 Seiten • Format: 230 x 165 mm • Abbildungen: 98
Best.-Nr.: **310 2136** • Preis: **14,– €**

Der vth-Bestellservice
☎ 07221/508722
per Fax 07221/508733
E-Mail: service@vth.de
Internet: www.vth.de

vth Verlag für Technik und Handwerk GmbH • Baden-Baden

FMT-Fachbuch

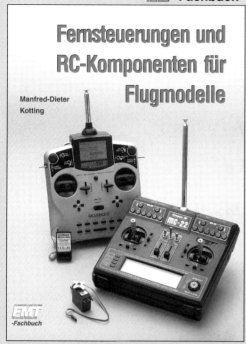

Manfred-Dieter Kotting

Fernsteuerungen und RC-Komponenten für Flugmodelle

Expo, Dualrate, FM, PCM, IPD, 35-MHz- oder 40-MHz-Band – wer an den Kauf einer Fernsteuerung denkt, wird mit vielen oft unbekannten Begriffen und technischen Angaben konfrontiert. Was ist notwendig und welche Funktionen verbergen sich hinter den Begriffen und Abkürzungen? Dieses Buch hilft weiter.
Als langjähriger Mitarbeiter der führenden Flugmodell-zeitschrift FMT kennt der Autor alle aktuellen Entwick-lungen und Geräte aus zahlreichen Tests und der täglichen Praxis. In diesem Buch erfährt der Einsteiger ebenso wie der Fortgeschrittene, worauf er beim Kauf achten muss. Im Einzelnen wird verständlich und unterhaltsam erklärt, wie Sender, Empfänger und Servos funktionieren, was zur Stromversorgung notwendig ist und welches Zubehör nützlich ist. Ein eigenes Kapitel widmet sich der Programmierung moderner Computer-fernsteuerungen und zeigt, was sich durch die Verbindung mit einem Personalcomputer erreichen lässt.
Ausführlich werden exemplarisch einige aktuellen Fernsteuerungen mit all ihren Vor- und Nachteilen, Möglichkeiten und Grenzen vorgestellt – so findet man sich im großen Angebot zurecht und kann eine fundierte Kaufentscheidung treffen.

Umfang: 92 Seiten, Format: 165×230 mm, Abbildungen: 125
Best.-Nr.: **310 2134**, Preis: **€ 12,80**

Der vth-Bestellservice
☎ 07221/508722
per Fax 07221/508733
E-Mail: service@vth.de
Internet: www.vth.de

vth Verlag für Technik und Handwerk GmbH • Baden-Baden

Hans-Jürgen Freund

Laminieren leicht gemacht

Modellrümpfe und Formen aus Faserverbundstoffen

Faserverstärkte Kunststoffe finden im Modellbau seit über 30 Jahren Verwendung. Aus dem Flugmodellbau sind sie nicht mehr wegzudenken und auch der Schiffsmodellbauer, der einen leichten, wasserdichten und zugleich stabilen Rumpf mit viel Raum für die Technik wünscht, wird auf Glas, Kohle- und Aramidfaser zurückgreifen. Hans-Jürgen Freund, der als Karosseriebauer den Umgang mit diesen Materialien beruflich gelernt und praktiziert hat, beschreibt in diesem Buch detailliert, welche faserverstärkten Kunststoffe es gibt und was der Modellbauer bei ihrer Verarbeitung zu beachten hat. Freund informiert über Faser- und Harzsysteme, über Gelcoats, Glasmatten und Gewebe, über Rovings, Bänder und Trennmittel; auch die Wahl geeigneter Werkzeuge und Schutzmittel für den Modellbauer ist sein Thema. Ob ein Holzrumpf überlaminiert oder ein Urmodell für den Formenbau erstellt werden soll, ob es um ein- und zweiteilige Formen oder Silikonkautschukformen geht, der Modellbauer lernt aus diesem Buch die ersten und alle folgenden Schritte der Arbeit mit GFK- und CFK-Material.

Format: 23 x 16 cm, 40 Abb.
Umfang: 100 Seiten
Best.-Nr.: **310 2110**
Preis: **€ 12,50**

Der vth-Bestellservice

☎ 07221/508722
per Fax 07221/508733
E-Mail: service@vth.de
Internet: www.vth.de

vth Verlag für Technik und Handwerk GmbH • Baden-Baden

Matthias Rauhut

SMD-Praxis für Hobby-Elektroniker

Grundlagen, Löttechnik, Platinen und Projekte

SMD bedeutet Surface Mounted Device, also „oberflächenmontiertes Bauteil". Solche Bauelemente ohne Anschlussdrähte verwendet die Industrie schon lange, doch heute kommen auch Hobbyisten kaum noch um die Winzlinge herum. Dieses Buch macht von Grund auf mit der SMD-Technik vertraut und nimmt die Skepsis gegenüber den kleinen Teilen. Bei SMDs geht es nicht um eine völlig neue, sondern nur um eine etwas anspruchsvollere Technik als bisher. Dafür, wie man die kleinen Bauelemente mit der freien Hand lötet und mit ihnen experimentiert, benötigt der Hobbyist ein paar gute Tipps und Tricks, die er hier findet. Dieses Buch mit über 100 Bildern bietet nicht nur eine Fülle nützlicher Hinweise, sondern auch konkrete Nachbauprojekte.

Umfang: **64 Seiten**
Format **165 x 230 mm**   Abb.: **102**
Best.-Nr.: **411 0111**   Preis: **€ 9,00**

Klaus Böttcher

Netz- und Ladegeräte selbst gebaut

Stromversorgungen gibt es in vielfältigen Ausführungen vom Steckernetzteil bis zum stromintensiven Schaltnetzteil fertig zu kaufen. Warum also der Selbstbau? Klaus Böttcher, begeisterter Konstrukteur und findiger Bastler kennt die Antworten: Selbstbau lohnt aus Kostengründen, er macht Sinn in vielen speziellen Fällen und er macht Spaß. Selbstbau bringt Erkenntnisse und Erfahrungen, man kann neue Ideen und Konzepte realisieren und bereits vorhandene Bauteile einer sinnvollen Verwendung zuführen.

Geräte zur Stromversorgung eignen sich besonders dann zum Selbstbau, wenn man dafür geeignete Konzepte verwendet. Das ist eines der Anliegen dieses Buchs. Es legt besonderen Wert darauf, dass die empfohlenen Schaltungen einfach, überschaubar und preisgünstig sind. Aufwendige Geräte mit vielen ICs, Spezialbauteilen und SMD-Technik bleiben außen vor. Trotzdem ist die Palette der gebotenen Ideen, Konzepte, Projekte und Anleitungen reichhaltig und vielseitig. Alle Geräte entstanden aus der Praxis heraus.

Umfang: **176 Seiten**
Format: **165 x 230 mm**   Abb.: **329**
Best.-Nr.: **411 0114**   Preis: **€ 19,80**

Der vth-Bestellservice

☎ 07221/508722
per Fax 07221/508733
E-Mail: service@vth.de
Internet: www.vth.de

vth Verlag für Technik und Handwerk GmbH • Baden-Baden

Bücher für die Werkstattpraxis

Jürgen Eichardt:
Fräsen für Modellbauer Band 1
Maschinen, Werkzeuge und Materialien

Jürgen Eichardt zeigt hier, dass Fräsen keine Geheimnisse birgt. In Band 1 erfahren wir, worauf man beim Kauf einer Fräsmaschine achten muss, wie die Maschine gepflegt wird, damit sie stets exakte Ergebnisse produziert, und wie wir sie mit einer Vielzahl von selbst gebauten Verbesserungen und nützlichen Zubehörteilen versehen können. Ausführlich werden die verschiedenen Fräswerkzeuge und ihre Einsatzmöglichkeiten vorgestellt: vom Fingerfräser über die Metallkreissäge bis hin zu Bohrern, Eigenbauformfräsern und viele andere. Ebenso die am besten geeigneten Rohmaterialein und ihre Besonderheiten bei der Bearbeitung. Und schließlich geht es um die exakte und sichere Spannung und Ausrichtung von Werkstück und Werkzeug. Alles wird ausführlich und leicht verständlich erklärt und mit rund 240 Zeichnungen und Fotos illustriert – ein unverzichtbares Grundlagenbuch für jeden Hobbyfräser.
Umfang: 188 Seiten, Format: 230 x 165 mm, 244 Abb.
Best.-Nr.: 3102117, Preis: € 19,-

Jürgen Eichardt:
Drehen für Modellbauer, Band 1
Das ABC des Hobbydrehers

Jürgen Eichardt, wendet sich mit diesem zweibändigen Fachbuch an den schon geübteren Modellbauer. In Band 1 geht es zunächst um allgemeine Anforderungen an Tischdrehmaschinen, um die Pflege und Verbesserung der Arbeitsgeräte, um die Werkzeuge und das Material, die Vorbereitung des Drehens und die Sicherheit bei der Arbeit. Außerdem werden die üblichen Arbeitsweisen wie zum Beispiel das Plan- und das Langdrehen, das Drehen zwischen Spitzen sowie das Ein- und Abstechen näher beschrieben. Jürgen Eichardt nimmt den Leser dabei mit in seine Hobby-Werkstatt und lehrt ihn angesichts winziger vorbildgetreuer Modellteile das Staunen.
Umfang: 228 Seiten, Format: 230 x 165 mm, 278 Abb.
Best.Nr.: 310 2113, Preis: € 19,-

Tilman Wallroth:
Drehmaschinenpraxis für Modellbauer
3. Auflage

In diesem Buch werden ausführlich alle wesentlichen Drehmaschinenkomponenten und Arbeitsgänge aus der Sicht der Praxis behandelt. Dazu kommen viele leicht verständliche Beispiele, klare aussagefähige Illustrationen und eine Vielzahl von Anwendungstips. Darüber hinaus findet man auch noch Bauanleitungen für Zusatzgeräte, die den täglichen Umgang erleichtern. Wer alles aus seiner Drehmaschine herausholen möchte, findet in diesem Buch das theoretische Nutzzeug, das dafür nötig ist.
Umfang: 228 Seiten, Format:230 x 165 mm
Best.-Nr.: 310 2070, Preis: € 19,30

Der vth-Bestellservice
☎ 07221/508722
per Fax 07221/508733
E-Mail: service@vth.de
Internet: www.vth.de

Jürgen Eichardt:
Fräsen für Modellbauer Band 2
Frästechniken,
Messen und Sonderanwendungen

Hier erfährt man, wie die verschiedenen Fräswerkzeuge arbeiten und wie man sie richtig einsetzt. Einfache Fräsbearbeitungen werden ebenso gründlich besprochen wie vermeintlich schwierige Anwendungen, zum Beispiel das sehr wichtige Arbeiten nach Koordinaten, das Fräsen von Zahnrädern oder sogar das Wendelfräsen. Dazu gibt es viele Hinweise zum richtigen Messen, der Voraussetzung für genaue Ergebnisse, sowie zum sicheren Umgang mit der Maschine. Jürgen Eichardt erklärt alles ganz genau und leicht verständlich und zeigt , worauf es ankommt. So gelangt man von einfachen Aufgaben ganz wie von selbst zur hohen Schule der Hobbyfräserei.
Umfang: 192 Seiten, Format: 230 x 165 mm, 272 Abb.
Best.-Nr. 310.2118, Preis: € 19,-

Jürgen Eichardt:
Drehen für Modellbauer, Band 2
Besondere Aufgaben und Technologien

Mit der Drehmaschine lassen sich Werkstücke aus Metall sicher und mit dem Vorteil der Wiederholgenauigkeit bearbeiten. In Band 2 erläutert Jürgen Eichardt etwas schwierigere Operationen und zeigt ungewöhnliche Hilfsmittel. Rändeln und Kordieren, Gewindeschneiden und Formdrehen, das Fertigen von Radius- und Formstechstählen, das Drehen mit dem „Seiten-Abstechstahl" ... die Liste der besonderen Aufgaben und ihrer Technologien ist lang, die Jürgen Eichardt vorstellt und erläutert. Der umfangreiche Anhang enthält neben einem Firmen- und Literaturverzeichnis auch ein Sachwortregister für beide Bände. Wer die Möglichkeiten seiner Tischdrehmaschine ganz ausschöpfen möchte, findet in der zweibändigen Fachpublikation „Drehen für Modellbauer" die richtige, unverzichtbare Anleitung.
Umfang: 160 Seiten, Format: 230 x 165 mm, 240 Abb.
Best.Nr.: 310 2114, Preis: € 17,-

Jürgen Eichardt:
Fräsen mit der Drehmaschine.
Kleine Modellteile perfekt herstellen

Was tun, wenn zwar eine Drehmaschine, aber keine Fräsmaschine in der Modellbauwerkstatt steht und kleine Teile angefertigt werden müssen, die nicht rotationssymmetrisch sind? Ganz einfach: Schlagzahnfräsen! Der Autor, ein Modellbauer mit höchsten Ansprüchen an Präzision und Vorbildtreue, hat das Verfahren entwickelt und perfektioniert, mit dem man mit jeder vorhandenen Drehmaschine auch fräsen kann. In diesem Buch stellt er die dazu notwendigen Zusatzteile und verschiedene Einsatzwerkzeuge für jeden Zweck vor, beschreibt genau und verständlich, wie man sie selbst herstellt. Mehr als 170 detaillierte Konstruktionspläne, Zeichnungen und Fotos lassen dabei keine Fragen offen. Ausführliche Kapitel widmen sich dann der praktischen Anwendung des Schlagzahnfräsens, so dass man lernt, diese Technik bei eigenen Projekten einzusetzen, um hochgenaue Kleinteile einzeln oder in Serie zu produzieren.
Umfang: 136 Seiten, Format: 230 x 165 mm, 176 Abb.
Best.-Nr.: 310 2099 , Preis: € 14,80

vth Verlag für Technik und Handwerk GmbH • Baden-Baden

Wollen Sie mehr?

Das große Fachliteratur-Programm zu den Modellbauthemen

ERLEBNIS

▶ Flug

HOBBY

▶ Schiff

SPORT

▶ Cars

TECHNIK

▶ Truck

FREIZEIT

▶ Maschinen

finden Sie unter
www.vth.de ◀

Zeitschriften • Bücher • CDs • Baupläne

ospekte unter: VTH • 76526 Baden-Baden • Telefon: 0 72 21/50 87 22